罗马的圣·彼得大教堂和创造性毁坏的原则

——从布拉曼到贝尔尼尼的建造与拆除

［德］霍斯特·布雷德坎普　著

张晓玲　译

歌德学院（中国）
翻译资助计划

知识产权出版社
全国百佳图书出版单位

Horst Bredekamp

Sankt Peter in Rom und das Prinzip der produktiven Zerstörung

© 2000, 2008 Verlag Klaus Wagenbach, Berlin

The translation of this work was financed by the Goethe-Institut China

本书获得歌德学院（中国）全额翻译资助

图书在版编目（CIP）数据

罗马的圣·彼得大教堂和创造性毁坏的原则 / （德）布雷德坎普 （Bredekamp, H.）
著；张晓玲译. —北京：知识产权出版社，2014.8

ISBN 978-7-5130-2861-5

Ⅰ．①罗… Ⅱ．①布… ②张… Ⅲ．①教堂－宗教建筑－重建－梵蒂冈
Ⅳ．①TU-098.3

中国版本图书馆CIP数据核字(2014)第164608号

内容提要

本书作者霍斯特·布雷德坎普从史实的角度对罗马的圣·彼得大教堂的建筑史进行了研究。老圣·彼得大教堂的拆除以及重建堪称近代建筑史上最复杂的教堂建筑案例之一，其中布拉曼、米开朗基罗、贝尔尼尼等闻名世界的建筑艺术家们在罗马圣·彼得大教堂毁灭与构建的过程中留下了足迹。此外，大教堂的重建史也映射了那个时代的政治、宗教、建筑艺术之间的冲突以及冲突后的妥协。

责任编辑：龙　文		**责任出版：**刘译文	
装帧设计：紫星光		**责任校对：**韩秀天	

罗马的圣·彼得大教堂和创造性毁坏的原则
　　——从布拉曼到贝尔尼尼的建造与拆除

Luoma de Sheng Bide Dajiaotang he Chuangzaoxing Huihuai de Yuanze

—— Cong Bulaman Dao Beiernini de Jianzao yu Chaichu

[德] 霍斯特·布雷德坎普　著　　张晓玲　译

出版发行：知识产权出版社有限责任公司

社　　址：北京市海淀区马甸南村1号		邮　　编：100088	
网　　址：http://www.ipph.cn		邮　　箱：bjb@cnipr.com	
发行电话：010-82000860转8101/8102		传　　真：010-82005070/82000893	
责编电话：010-82000860转8123		责编邮箱：longwen@cnipr.com	
印　　刷：北京科信印刷有限公司		经　　销：新华书店及相关销售网点	
开　　本：787mm×1092mm　1/32		印　　张：5.875	
版　　次：2014年7月第1版		印　　次：2014年7月第1次印刷	
字　　数：200千字		定　　价：36.00元	

ISBN 978-7-5130-2861-5

京权图字：01-2012-5093

献给我的侄女丽莎

目录

2008年版序言

毀灭与建设之间的相互作用以一种特殊的方式凝结在罗马圣·彼得大教堂的建筑史中，这也正是这本书的前提假设。无论它是作为一种闹剧或者是一个事实的形式出现，一直以来，罗马圣·彼得大教堂都属于象征拥有权力的常量[①]。然而它一直都被隐藏了起来，因为从直观上来讲，建筑领域相对于其他生活领域而言对目的的期待更大。同时，人们总是期望建筑构思中的理智层次更高（相比那些人类想象力中相对不太稳定的产物而言）。在圣·彼得大教堂的建筑史中，这种期望使得它的建造瞬间比教堂内部的毁坏

[①] 举一个同时代的例子，在公元2008年4月底，新当选的罗马市长乔瓦尼·阿莱马诺（Giovanni Alemanno）宣布，下令拆除由理查德·迈耶（Richard Meier）修建的新和平祭坛（Ara Pacis）。这个例子体现了这个如同闹剧般原则。第二个例子是关于柏林市中心的发展规划。而这个例子就体现了原则的事实性。当原民主德国统一社会党（SED）在公元1949年下令炸毁了柏林城市宫（das Berliner Schloß）时，那么这个事件就已成为了如同建造共和国宫（Palast der Republik）一样重要的争取主权的象征。之后，共和国宫的拆除和德国联邦议院有关重建柏林城市宫的决议加强了这两个事件之间的联系。

瞬间更容易被感知。

　　然而，这种困境永远都是可以研究的主题。为了纪念罗马圣·彼得大教堂建成500周年，乔治·萨兹辛格（Georg Satzinger）和 塞巴斯蒂安·舒茨（Sebastian Schütze）在波恩主办了专门的宗教大会①，会议论文集中收纳了此书自第一次出版以来的所有相关研究。从论文集中可以看出，研究圣·彼得大教堂总是能够迸发出新的火花，这些火花记录着大教堂发展的各个阶段，然而它们并没能照亮大教堂发展过程中的主体部分，而只点燃了边缘部分。这并不归结于人类社会发展中的不断专业化或者至少不仅仅归结于此，而应归因于建筑物线性发展模式失效后的结果。

　　这是本人撰写此序言的初衷，本人尝试着通过序言来避免过于浓缩和不完整的内容②，从而保证这一版的时效性，因为毕竟距离第一版出版已达8年之久。此版中新添内容或者修改部分主要集中在拆除老圣·彼得教堂③的

---

① 罗马城的圣·彼得大教堂从1506至2006年（2008年版）。这本出色的论文集收集了对教堂建立伊始至17世纪内部装潢的所有历史事件的新阐释。在这个框架下，我本人试图通过新的史实资料来分析作为圣·彼得大教堂总建筑师的角色。

② 还需要补充说明的是，赖斯（Rice）对新圣·彼得大教堂内部装潢的研究。其研究从圣坛的发展历史中管窥整个建筑史的相关问题。另外，还用哈特菲（Hatfield）关于米开朗基罗收入的研究。他多次表达了这个观点，即米开朗基罗在担任圣彼得大教堂改造建筑师时，一切工作都是无报酬的。但听上去却像是一个虔诚的传说。

③ 赫奇特（Hecht）主要从内部装潢和礼拜仪式这两个方面关注圣·彼得大教

原因和新建教堂的结构规划方面，并未触及核心部分。[1]
同时对旧版中的一些错误进行了订正，对所有翻译内容
进行了修订。[2] 从未改动的是，贯穿圣·彼得大教堂建筑
史的核心概念，即毁灭与构建的相辅相成。

霍斯特·布雷德坎普（Horst Bredekamp）

于 2008 年 7 月

堂宗教革新。他对其他附加因素不作深入研究。而我会尝试着将所有补充性的因素和主要观点联系在一起进行研究。

[1] 萨兹辛格将新圣·彼得大教堂的设计方案描述成一部愤怒史，因为教堂中央大厅（Zentralbau）的理念总是反复更改。而我却是从特罗恩（Thoene）和克洛特（Klodt）的观点出发，从一开始就将教堂主体建筑与教堂中殿（Langhaus）建筑联系在一起。因此，得出了一套可以二选一的假设，这些假设是非常值得思考的，而且彼此之间是相互矛盾的。对布拉曼关于教堂南侧的新建计划图的重建是一种迫不得已的假说，是一种试验。如果老·圣·彼得大教堂的拆毁从未发生过的话，那么重建只能归因于年代排列上的错误。

[2] 在这里首先需要感谢的是米施·冯·伯杰（Misch von Perger）、马可·斯托贝尔（Marco Strobel）和朱莉娅·安·施密特（Julia Ann Schmidt）。

图 1　从西面瞭望圣·彼得堡大教堂的装饰矮墙和大穹顶

前言

"毅然摒弃的是艺术家；画蛇添足的是诽谤者。"①

圣·彼得大教堂建造历史分期

在庄严肃穆之中，罗马圣·彼得教堂中那座出自米开朗基罗之手的大穹顶带给人们冷酷永恒的感觉，恰如其分地融入罗马这座永城之中（参见图1：卷首插图）。罗马圣·彼得教堂于1590年5月落成，也就是米开朗基罗去世后的第16年。它就像一个时代的标志，这个时代注定能够让所有参与者在统一思想之后创造跨越时间界限的永恒。然而，这只是一种错觉。圣·彼得教堂的大穹顶就是一个很好的例子。它并不是人们严格按照艺术标尺长期摸索的产品，而是不同建筑门派相互较量、不屈不挠斗争的结果。

仅从圣·彼得教堂的设计草图就可以看出，这个建筑杰作并非归功于人类持续不断地遵循预设目标，而是源于人

---

① 原文为 *Der hinwegthut ist ein Künstler; der hinzuthut ein Verläumder.* "参见：尼采：《未完成的遗作，1875~1879年》，尼采著作全集第8卷，第291页。

类各种自相矛盾的、激情四射的突发奇想。因此，在接下来的内容中，读者看到的不是历时性的建筑史，而是各种动力的重建。这些动力犹如一团团熊熊燃烧的烈火，如果人们不了解它们，就如同只看到了燃烧带来的烟雾，而无法看透火焰的核心部分。它惊人的特点在于，建构和毁坏两者被交织于一种无法解开的关系之中。设计草案一次次地被推翻，因为所有的过程取决于建筑心理学，它不会因为建筑物被拆除而放手让人们大胆地去创新。

圣·彼得大教堂的建筑史总是在拆除与建设两端之间摆动，从而给人们留下了这样的印象，即它并不适用于目的导向型的历史研究。它的历史不能被同一时代的人理解，即使人们用尽最后一丝余力也未必能理解它。呈现在读者眼前的这段建筑史不是对人类建筑成就的添砖加瓦，而是对建筑毁灭的一种否定，因为无论是古老还是新兴的建筑作品都会遭受毁灭的厄运，因此，本书致力于设身处地地去领会那些无法理解的东西。

许多重大的历史事件为本书的问世奠定了坚实的基础。在1997年柏林—勃兰登堡科学界学术年度会议上，会议祝词中曾经提到过本书的核心论点。学术界能够重新将目光聚焦到圣·彼得教堂，要归功于克里斯托夫·特罗恩（Christof Thoene）的两篇文章，它们为本书的创作提供了建议和意见。单单通过注释来说明特罗恩及其学术成果对本书的贡献是远远不够的。因此，在这里首先要感谢的是克里斯托夫·特罗恩先生；其次，需要感谢的是负责本书校对并提出宝贵建议的专家：蒂尔曼·白蒂斯格（Tilman Buddensieg）、多萝特·哈弗内（Dorothee Haffner）、安妮·卡斯顿（Arne Karsten）、萨宾·库尔（Sabine Kühl）、阿诺德·内瑟莱特（Arnold Nesselrath）、玛格丽特·布拉赤克（Margarete Pratschke）、鲁道夫·布莱姆斯伯格（Rudolf Preimesberger）、马提亚斯·温纳（Matthias Winner）和西尔维亚·策纳（Silvia Zörner）；最后，在这里对负责本书编辑的比尔吉特·泰尔（Birgit Thiel）和克劳斯·瓦根巴赫出版社（Klaus Wagenbach）表示衷心的感谢。

初期历史（1450~1505）的几个因素

1. 任人唯亲的制度化

罗马的圣·彼得大教堂是基督教世界最大的、最具影响力的教堂建筑之一。它同时是人类宗教史和艺术史中的瑰宝。大教堂的建造原因和它的影响力一样复杂，但是在众多的建造动机中，罗维雷（Rovere）的家庭政策尤为引人注目。当然，它本身与建筑不存在任何关联，但它却间接导致了教堂的重建。

这要从梅洛佐·达·弗利（Melozzo da Forli）在公元1475至1477年期间为梵蒂冈图书馆创造的那副以教皇西克斯图斯四世（Sixtus Ⅳ.,在位时间：公元1471~1484年）命名的湿壁画说起（图2）。画中，教皇正襟危坐于方格天花板下的柱式大厅中，此建筑反映了典型古罗马图书馆的建筑风格。教皇的侄子们和他的图书管理员巴托洛米欧·普拉提纳（Bartolomeo Platina）簇拥在他的周围，普拉提纳跪在教皇面前并伸出食指指向记录着教皇功绩的铭文。

图书馆大厅的大小被限定在两侧的大方柱之间，圆

图 2　梅洛佐：西克斯图斯四世和他的侄子们以及图书管理员普拉提纳，
　　　　湿壁画，创作于 1475 年，藏于于梵蒂冈城梵蒂冈画廊

柱上的装饰花纹具有时代特征。西克斯图斯教皇出身于德
拉·罗维雷家族（della Rovere），"德拉·罗维雷"的原意是
"来自橡树"的意思。因此德拉·罗维雷家族的徽章图案也
是橡树图形。两条枝繁叶茂的橡树树枝分别沿着两根大方

柱的正面向上盘旋，彼此相交四次，镀金的橡树果子熠熠发光。很明显，圆柱上的边框花饰后来演变成了家族徽章边饰的标志。

梅洛佐非常懂得如何将教皇和相互较劲的亲戚之间盘杂交错的关系与徽章学中的框架技艺结合起来。教皇背靠一根方柱，面朝另一根方柱笔直地坐着，从整个画面来看，他显得十分拘束。以教皇座椅靠背上端的球形捏手为起点，沿着图画中人物头部可以延伸出一条椭圆形的线条，仿佛一个盖在画中人物头上的穹顶一般。他们虽然处于一种亲密的几何关系中，但是彼此之间又保持着一种陌生的离散关系，仿佛他们并不是图画的主角一样。同时，他们的目光也没有交集。

因此，从梅洛佐的这幅以教皇家庭为主题的绘画中可以看出，教皇家庭成员们反目成仇，这让教皇心情很沉重。所以，基于家人的一致抗议，画家最后在教皇的旁边补充了红衣主教彼得罗·里亚里奥（Pietro Riario）这个人物，尽管此时他已经去世一年了。西克斯图斯的妹妹比安卡（Bianca）嫁入里亚里奥（Riario）家族，因为里亚里奥家族能够协助他登上皇位，因此他们也竞相争取自己在图画中的一席之地。图画中彼得罗的位置稍微靠后，仿佛要求从阴间还阳一样。巍然耸立于图片突出位置的是身着华丽紫色主教长袍的朱利安诺·德拉·罗维雷（Giuliano della Rovere），他是教皇西克斯图斯四世的侄子，他从西克斯图斯众多的侄子中脱颖而出，成为他心目中理想的主教接班人。在湿壁画完成之际，罗维雷年仅32周岁，但是在世人眼中他是他叔叔当之无愧的接班人。画中的罗维雷并不刻意遮掩他那闪闪发光的主教长袍，这与教皇形成强烈的对比。他位于画面正中心圆柱前，圆柱如同延长的脊柱一般高高地耸立在他的身后。这也同时预示了他未来的地位。罗维雷在画中的特殊地位源于人们对德拉·罗维雷家族继续掌控教皇宝座的期望。

关于教皇任命主教的消息并不预示着任人唯亲的现象，这种裙带关系试图通过熟人或亲缘关系去解决一切有关权力的问题。但是，长远来看它是一系列连锁事件的开端，在这些事件的末端会带来圣·彼得大教堂、罗马城和皈依天主现象的改变。

2．罗维雷教皇的两座坟墓

在西克斯图斯四世于1484年8月去世之后，朱利安诺·德拉·罗维雷将湿壁画中的承诺与对他叔叔的缅怀联系起来。同时，他委托雕塑家安东尼奥·波拉约洛（Antonio Pollaiuolo）为前任教皇打造了一座青铜墓碑。（图3和4）。

墓碑上雕刻的西克斯图斯四世平卧着，双脚下方是记载亡者功绩的碑文。碑文强调了教皇西克斯图斯四世的遗愿，即死后将他埋葬在平地之下即可。朱利安诺非常崇敬教皇，所以坚持尊重他的遗愿："当西克斯图斯表示丧事

图 3 安东尼奥·波拉约洛：教皇西克斯图斯四世的墓碑，藏于
罗马圣彼得大教堂藏珍阁中

从简，葬于地下之时，朱利安诺主教便开始着手给仙逝的
叔叔建造墓碑，唯一的花费就是那副巨大的《哀痛圣母》
（Pieta）。"

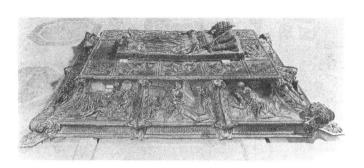

图4 安东尼奥·波拉约洛：教皇西克斯图斯四世的墓碑，藏于罗马圣彼得大教堂藏珍阁中

　　每一位见过这座富丽堂皇的金字塔墓穴的人都不会从上面那句话中读出教皇的简朴和恭顺，而只能说明最初设计的墓穴还要奢华许多。墓穴同时能让人推断出，即朱利安诺是一个严苛挑剔的人。

　　从墓碑设计的寓意上来讲，这种推断是说得通的。在雕刻碑文的石板两旁是罗维雷家族徽章的浮雕，徽章上方是主教礼冠。同时，教皇头部上方也相应地设计成两块浮雕，浮雕雕刻着罗马教皇的三重冕，周围用橡树树枝加以修饰和衬托。主教礼冠和教皇三重冕遥相呼应，暗示着过去是对未来的保证。墓碑将已故教皇的辉煌历史与其侄子未来的大好前程结合起来，即墓碑的中心部分代表着过去，其描绘了西克斯图斯四世由主教成长为教皇的光辉人生，而墓碑上的浮雕象征着未来，其预示着他的侄子正走在通往圣·彼得大教堂宝座的光明大道上。

有关墓碑的所有设计都体现了西克斯图斯与朱利安诺之间的相互作用。这座青铜墓碑相对于历史上墓碑的创新体现在：第一，墓碑盖板上雕刻的逝者是所有宗教和世俗美德的总体体现。第二，盖板的边沿体现了拟人化的人文艺术。比如音乐（插图5）。雕刻中的女乐师热情四溢地演奏着乐器，她右臂生动地往前推，同时她的右脚越过了边框，仿佛浮雕不足以表达她满心的激情一样。在这种近乎爆破的活力中，艺术（ars）与西克斯图斯脱离了关联。如果艺术只属于教皇的话，那么按照传统的墓穴圣像学的原理，它就应该保持其哀痛的气质，如《哭泣者雕像》（Pleurant）一样。但是，艺术用一种激烈的方式继续演绎的话，那么它赋予了怀念一种超越其原本动机的意义。

图5　插图4的细节部分：音乐的浮雕

图6 雅克莫·罗凯蒂：尤利乌斯墓穴底层截图，米开朗基罗雕塑的复制品，素描。藏于柏林版画绘画艺术馆，编号15206

在西克斯图斯墓穴落成十周年之后，也就是公元1503年11月，朱利安诺·德拉·罗维雷顺利当选为新一任教皇。作为教皇尤利乌斯二世（Julius Ⅱ., 在位时间：公元1503年11月至1513年2月），和以往教皇不同的是，他在自己在位期间迅速地为自己规划墓穴，仿佛墓穴是他人生的第二块护身符一样。和西克斯图斯不同的是，他选择了露天墓穴（Freigrab）。公元1505年，他委托米开朗基罗为自己设计墓穴，这位大师在当时以佛罗伦萨人为题材创作的雕像《大卫》（David）创造了雕塑史上的新纪元。

可惜米开朗基罗的真迹已经遗失，这如同人类艺术史丧失了一把开启文艺复兴墓穴艺术的钥匙。而唯一为重建墓穴提供线索的是雅克莫·罗凯蒂（Jacomo Rocchetti）笔下的一幅绘画，但从中也只能找到有关墓穴正面底层的一些

蛛丝马迹。（图6）

尤利乌斯二世从登上教皇宝座那天起就一直梦想着能够游历整个意大利以及君士坦丁堡（Konstantinopel）和耶路撒冷。他的这一愿望隐藏在陈列于壁龛纵、横两个侧面的十四位胜利女神背后。因为壁龛雕塑描绘了这十四位胜利女神将敌手击倒在地的场景。二十根半露柱环绕在壁龛周围，借以干扰俘虏者的视线。（图7和8）将米开朗基罗视为良师益友的阿斯卡尼奥·康迪维（Ascanio Condivi）认为，这些被戴上手铐脚镣的囚徒（prigioni）本身就是艺术和美德的体现，他说："艺术与美德从未得到过如此的升华和发展。"随着教皇的离世，艺术就已经变成了"死亡的囚徒"。这或许是一个尤利乌斯二世中意的说法：他通过西图

图7　尤利乌斯墓穴正面图，创作于1505年

图8　尤利乌斯墓穴横侧面图，创作于1505年（由霍斯特·布雷德坎普和 O. 克洛特于公元1994年修复）

斯克斯四世的墓穴展示了充满活力的艺术与美德，同时也借此暗示着自己的美好远景。然而，随着他的逝世，却将艺术与美德重新套上死亡的手铐。图9和10展示了两名囚徒。其中一名囚徒（图9）的胸脯和上臂被皮带紧紧地勒着，他的反抗体现了一种力量，而尤利乌斯时期的艺术与美德刚好蕴藏着这种力量。

图 9　米开朗基罗：反抗的囚徒。藏于巴黎卢浮宫
图 10　米开朗基罗：正在逝去的的囚徒。藏于巴黎卢浮宫

因此，艺术与美德的逝去显得更加悲哀。例如，卢浮宫的那座名为《"正在逝去的"囚徒》的雕塑（插图10），囚徒的上身显得不平稳，表明他已经放弃反抗。那副他曾经多次尝试打开的手铐已经从他的右手脱落。左大腿后面是一只猴子：艺术的特征是模仿自然（simia naturae）。康迪维认为这些囚徒依次展现出了三种造型艺术，即："绘画、雕塑和建筑，每一种艺术的特色都很鲜明。"

强调这三种早已不再属于自由艺术（artes liberals）的补充性艺术其实对于尤利乌斯而言，就是先接受叔叔墓穴艺术中的各种元素，然后力求在规模、装备和意义等方面超越它。这三大造型艺术连同墓穴华盖上的"七大美德"以及侧面的"十大艺术"（图3和4）恰好构成了半壁柱和俘虏的数目。这个值得惊叹的思想，也就是总共二十大美

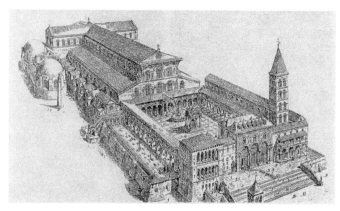

图11　老圣彼得大教堂（由H.W.布鲁尔与公元1892年修复）

德和艺术也随着教皇的死亡而失去了生命力。

　　关于墓穴的顶层建筑，瓦萨利（Vasari）认为，顶层平台的四个角分别是四座雕像，其中一座是摩西像。雕像以上部分逐渐变细变尖，周身的雕饰花纹是青铜浮雕（插图7和8）。这些青铜浮雕记录着尤利乌斯历史性的功绩，让人联想到西克斯图斯那座呈阶梯金字塔式的墓穴以及墓穴周身的浮雕。因此，尤利乌斯的墓穴只是一件艺术复制品，即他养父墓穴的扩大版。如果天地间的这两座背着十字架的人（Tragefigur）真的可以成为教皇尘世和天堂中的守护神，那么尤利乌斯二世早已经凌驾于这件艺术复制品之上了。关于尤利乌斯的姿势，到底是像西克斯图斯四世那样平躺着，还是像帕诺夫斯基（Panofskys）对教堂重建研究中所提及的坐姿，人们还不能完全确定。但是平躺的姿势容易让人联想到他叔叔的墓穴，而一尊面带胜利表情、正襟危坐的塑像会更让人眼前一亮。不管怎样，尤利乌斯的升天也只是在一个拟动态的时间轴内完成的罢了。康迪维讲到，当教皇看过自己墓穴石碑的设计后，就委托米开朗基罗去查找适合墓穴的地点。"当然，首当其冲的就是圣·彼得大教堂（图11）。然而，墓穴地点最终会选在哪里，迄今还是一个谜。因为，由西克斯图斯四世建造的小教堂的中央位置已经被他自己的墓碑占领，教堂中也找不出其他可以替代的位置。另外，大教堂的其他地方都不合适。

3．尼古拉斯五世的计划

　　在这种情况下，一份扩建计划对于米开朗基罗来说如同雪中送炭。扩建计划始于五年前，但在当时还未完成。彼得大殿（Petersbasilika）连同五间中殿、西耳堂和祭坛（Chor），简直就是大得漫无边际。君斯坦丁大帝（Kanstantin）在公元319年至322年期间开始在圣徒彼得（Petrus）墓穴的上方修建大教堂。在这个地点修建大教堂保证了基督教和国家政权之间的平衡。人们用了不到十年的时间完成建造，当时是教皇西尔维斯特（Sylvester）主持了落成典礼。虽然教皇的宫邸和拉特朗宫（Lateransbasilika）建在同一座山上，但是作为教皇创立的圣地教堂，圣·彼得大教堂是人们敬仰的圣地。公元1377年，教皇结束了他在阿维尼翁（Avignon）的流亡生活。之后，他便决定将教皇的宫邸迁至台伯河另一岸的梵蒂冈，从而更好地保护教皇免遭罗马贵族的迫害，随之圣·彼得大教堂也成为了天主教世界最具影响力的教堂。

　　教堂赢得了极高的声望，重建教堂也随之变得名正言顺。由于教堂围墙地基不稳，所以有些片段已经倾斜，教堂的局部建筑，如中殿的天窗总是给人摇摇欲坠的感觉。这也构成了教堂重建的原因。尼古拉斯五世（NikolausV.，在位时间：公元1447年3月至1455年3月）早在公元1451年记录过，圣·彼得大教堂是一座潜在的废墟。一系列相同内容的文献证实了，教堂内部结构的确不再牢固。另一方面，教堂中殿朝东的墙壁一直残留至17世纪。遭受更大毁坏的拉特朗宫和圣·保罗教堂（Paulskirche）通过加固工程暂且保存下来。毋庸置疑的是，只需从重建费用中拨出极小一部分就可以用来加固老圣·彼得大教堂。种种迹象表明，君斯坦丁建造的大教堂常年失修只不过是用来实现拆除和重建的托辞，给人一种错觉，即新建是上天赐予人类的厚礼。

比濒临坍塌更严重的是，墓穴和圣像充斥在教堂的各个角落，教堂从整体上来看就像充满历史感的混合体一样。因此，大教堂已经无法容下任何当代艺术元素和不同群体的来访。出于这种原因，西克斯图斯四世只好把他的小教堂安置在教堂中殿的南墙边上，相对于那些已经建好的教堂建筑物而言，这座小教堂就好像是额外滋生出来的附属

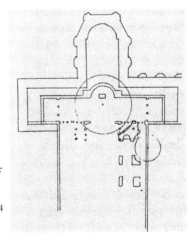

图12　老圣彼得大教堂和尼古拉斯设计的墙基
（参见：Ch.特内斯，1994年，插图3）

物一样。由于教堂用地面积紧张，人们只能根据不同需求依次扩建偏殿，这些偏殿就像是随意拼凑起来的小房间，毫无章法，缺乏统一性。

在尼古拉斯五世在位的八年期间，他发起了一次修建行动，该行动号称能够一次性解决教堂的所有问题（图12）。首先，耳堂的宽度应该延长到和中殿对齐，同时向西延长。其次，在耳堂的对面，也就是中殿的延长部分计划建立一个新的大圣所。从此，在圣·彼得大教堂建筑史上，第一次出现为了扩建横翼而拆毁君士坦丁大教堂核心结构的事件。

面对这样的建筑规划，不可能不出现反对的声音。阿尔伯蒂（Alberti）对尼古拉斯五世计划的批评露骨直接，他认为这个计划太不切实际，在当事人的有生之年根本不可能完成，最终只能变成一堆废纸。他特别注意到，诸如此类的规划是建立在牺牲所有老建筑的基础之上。马菲欧·维基欧（Maffeo Vegio）在公元1455~1457年期间撰写了有关圣·彼得大教堂的文章，他在文中表示了自己深深的遗憾，因为教堂中所有的老建筑都必须避开尼古拉斯的新圣所。来自佛罗伦萨的波乔·布拉乔利尼（Poggio Braccolini）先生也曾抱怨过，这是件劳民伤财的事情。根据尼古拉斯五世的传记作者詹诺佐·马内蒂（Giannozzo Manetti）的说法，他在临终前是这样答复他的反对派的：他的这个建筑工程不是为了自己的声誉，而是为了抚慰那些受东正教迷惑的圣徒的心灵。与这个目标相比，这些花费是微乎其微。另外，基于神人同形同性论对教堂的描述，马内蒂宣称此规划是人体的写照，同时人体又是宇宙的写照。他将教会庞大的建筑物定义为人类社会，以此来抵制狂妄的亵渎行为。

在尼古拉斯五世的扩建措施中，圣徒彼得的墓穴地点就成了教堂中殿和横翼的十字交叉处，但是尼古拉斯并不打算拆除彼得墓穴。由此可以推断，教皇曾经打算把自己的墓穴建在与穹顶中心的垂直位置，也就是神人同形同性论所宣扬的教堂肢体（Kirchenkörper）的头部、双臂和躯干的交叉口处。但是这个想法与尼古拉斯五世的另一个计划背道而驰，即他同时希望教堂远离坟墓的干扰，为此他表示要拆除圣·彼得大教堂中最令人敬畏的横翼，然后进行全新改建，从而对教堂中的重要结构进行重新编排。

在教皇在位期间，新圣所的地基才建了一人之高，所以当时老圣·彼得大教堂还保持着原样。位于圣所顶端西侧的圣人普罗帕斯（Probus）陵墓，和位于西南方的圣马丁（St. Martin）修道院一样，都必须给扩建之后的新圣所让路。恰好因为人文主义者维基欧的出现，圣人普罗帕斯陵墓的铭文才能幸免被破坏。现存的建筑物被当成了牺牲品，这也是新圣·彼得大教堂建筑史上的第一次。

对前人建造物的毁坏，对无可比拟的大教堂的向往，对改造濒临坍塌教堂的维护、对各种批评的抵御——当改造教堂的行动在米开朗基罗的支持下再一次向前推进之后，当布拉曼迫不及待地准备开始改造工程之后，这些元素又回来了。至少，尼古拉斯五世是第一个在思想上谋杀君士坦丁建立的大教堂的教皇。他的思想不断地超越他的噩梦，同时也超越他的美梦。

4. 尤利乌斯墓穴的定位

继尼古拉斯五世之后，保罗二世（Paul II.，在位时间：公元1464~1471年）继续主持教堂的改造工程。然而，他认为教堂的地基只需增高1.45米。正当米开朗基罗考察老教堂半圆形圣所小堂（Chorapsis）之时，也恰好获悉保罗二世的这一想法。对此，康迪维认为，执行这个长达五十余年的计划其实是为了给尤利乌斯二世的墓穴建造一个保护外壳："原来教堂的结构呈十字架形状，教皇尼古拉斯五世曾经打算以十字架的顶端为起点来重建圣所。尼古拉斯去世之时，圣所建了三尺[①]高。据推测，米开朗基罗似乎也认为这个地点是再合适不过的了，所以当他考察完教堂后，便向教皇说出了他的想法，并且补充说明，如果教皇陛下也有同样的想法的话，那么必须立即加高圣所并且加封顶盖。"

米开朗基罗的建议为墓穴改造计划增添了历史感。在新建圣所的衬托下，罗维雷教皇的两座墓穴显得更为融洽、统一，包括墓穴雕塑的内容和形态、墓穴的位置等。因为，

---

① 这里的计量单位"尺（Elle）"是德国旧长度单位，一尺相当于60cm – 80cm。

这样一来两座墓穴刚好位于教堂大殿的中心。无论是从墓穴的两侧来看，还是从墓穴的顶端来看，它们都让教堂充满了家的温暖，而尤利乌斯二世一直将这种温暖坚守到他生命的终点。在之后的改建计划中，他注意到，西克斯图斯的礼拜堂（Sixtus – Kapelle）是不容破坏的。所以，在他立遗嘱的那天选定圣所中的尤利娅礼拜堂（Capella Julia）作为他的安葬地。米开朗基罗在公元1505年提出的建议，即将圣·彼得大教堂打造成罗维雷教皇的家族教堂，在当时确实鼓舞人心。而这种欢欣鼓舞的气氛仍然弥漫在康迪维关于墓穴建造费用的报告中："教皇问：'改造需要多少费用？'米开朗基罗回答到：'十万斯库多。'[①]尤利乌斯接着说：'二十万。'"

---

① 斯库多（Scudi）是意大利古老的货币单位。

布拉曼（Bramante）对老圣·彼得教堂的攻击（1505~1506）

1. 手法的失败

　　多纳托·布拉曼（Donato Bramante，1444~1514）被委任为新圣所的建筑师。卡拉多索（Caradosso）特意为他设计了奖牌（图13）。奖牌正面是一个袒露双肩的、如同古罗马英雄的布拉曼，背面是一幅象征建筑艺术的拟人化图案，图中的布拉曼右手紧握一把开口朝上的圆规，象征着他掌

图13　卡拉多索作品：布拉曼奖牌，创作于公元1505/06年。藏于佛罗伦萨巴杰罗美术馆

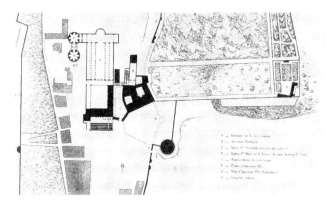

图 14 　老圣·彼得大教堂的平面图以及教堂中殿（B）前方的方尖碑（E）
　　　　（由 P.M. 勒塔路利于 1882 年修复）

握着宇宙第一建筑大师的标尺。

　　在米开朗基罗的墓穴工程中，布拉曼找到了建筑的动机。同时，他马上嗅到了一个预想不到的机会，即在雕刻艺术的工程中为建筑艺术开拓更大的发展空间。布拉曼的第一次建筑表演等同于对原先委派任务的讽刺。虽然，没有相关的图画被保存下来，但是奥古斯丁修会会长（Augustiner – General），来自维泰博的艾其迪奥（Egidio da Viterbo）的相关报告中记载了布拉曼建筑成果的位置和构造等信息。布拉曼打算，将教堂的大门从东面移向南面，从而使得大门和南墙前方的方尖碑形成统一。教堂圣殿（Basilika）的中轴线从东西走向变成了南北走向，这样一来，新教堂直接横穿旧教堂的中殿，同时教堂耳堂（Querschiff）和圣所（Chor）的位置（图 11 和 14）没有被

图15　无名氏：西克斯图斯四世大殿以及圣安德烈教堂前方的梵蒂冈
　　　方尖碑，公元 1558/9 年左右。藏于慕尼黑国立版画收藏馆

改变。布拉曼本应该扩建老圣·彼得大教堂的圣所，同时为尤利乌斯的墓穴建造一层保护性的外壳。然而，他否定了米开朗基罗原先的建造规划，而打算着手实施另一份完全不同的设计方案。很明显，布拉曼认为，圣彼得墓穴和主祭坛（Hochaltar）稍后可以挪至新教堂的中心位置，而其余建筑废墟可以全部拆除。当尤利乌斯二世将西圣所的建筑平面图交到布拉曼的手中之后，教堂重建从一开始就注定了是一场对老圣·彼得大教堂的扬弃。

而这一过程是被精心策划的，因为方尖碑的轴心点有可能就是新教堂大门的所在地。此外，方尖碑顶端的圆球中据说安放着凯撒的骨灰。那幅由荷兰某位艺术家于公元1558年至1559年期间绘制的绘画告诉世人，当时布拉曼是如何建造新教堂的（图15）。我们可以从这幅画中看到方尖碑上关于凯撒的铭文：凯撒奥古斯都提比略，神圣奥古斯都家族之子（DIVO CAESARI DIVI / IVLIIE AVGVSTO / CAESARI DIVI AVG / VSTO / SACRVM）；方尖碑的左侧是圣安德烈教堂（又称 S. Maria della Febbre）的圆形神庙；方尖碑后方最高的建筑体是西克斯图斯四世教堂的半圆形后殿。后殿中央的位置是尤利乌斯二世在做红衣主教时为他叔叔建造的墓穴。从布拉曼的建议可以推断出，罗维雷教皇的殿堂将为新教堂的门厅。加上藏有凯撒骨灰的方尖碑，从这一点我们可以获得一些明确的、关于尤利乌斯二世及其家族的信息。

公元1503年11月1日，当朱利安诺·德拉·罗维雷（Giuliano della Rovere）在天主教红衣主教的秘密会议中被选为教皇之时，人们原以为他会为了纪念他叔叔西克斯图斯四世，而选用西克斯图斯五世这个教名。然而，他援引了教皇尤利乌斯一世（Julius Ⅰ., 在位时间：公元337年至362年）的教名，想借此与盖厄斯·尤利乌斯·凯撒的名字扯上关系。在战场上，这位教皇总是争当冲锋陷阵的勇士，因此获得了战神教皇的称谓，成为了那个时代的反面代表人物。但是，他仍然能让大众从他的身上感受到骁勇作战的凯撒的魅力。当他在公元1506至1507年之际成功占领博洛尼亚并返回罗马之后，便命人制作名为第二凯撒（IULIUS CAESAR PONT. Ⅱ）的纪念奖牌来颂扬自己。他那些忠实信徒们于公元1507年3月27日在罗马为他建立了凯旋门。凯旋门雕刻着"我来，我见，我征服（Veni, Vide, Vici）"诸如此类的诗歌，由此人们可以联想到凯撒时代的胜利阅兵仪式。这些诗歌的创作者是罗马诗人约翰内斯·米歇尔·纳果尼乌斯（Johannes Michael Nagonius），在诗歌的标题中，他总是用那个赞美过凯撒的头衔来称赞尤利乌斯二世，同时这个美誉在方尖碑上多次出现过，即"神圣的尤利乌斯（Divus Julius）"。

从教皇珍藏的诗歌手稿中可以看出，尤利乌斯二世被包围在凯撒和奥古斯都侧面雕像的之中。另外，在公元1512年11月，他在教皇授权的代表和来自巴马（Parma），裴亚缠差（Piacenza）两座城市的代表出席的情况下，命人将自己誉为"新凯撒大帝"。当时，这两座城市刚刚从法国人手中解放出来。然而，在公元1513年年初，教皇又表示，他会按照古时守护神的命名方式，只考虑时间上的先后顺序，而不考虑等级差别，用"第二"尤利乌斯来称呼自己。

早在公元1505年，布拉曼就已经凭着直觉以"第二凯撒"来称呼尤利乌斯二世，目的是为了说动尤利乌斯准许他实施前所未有的拆毁和重建工程，然而当他将尤利乌斯唤作"第二凯撒"那一时刻，一股凯撒赋予的力量向他迎面袭来。布拉曼作为一个被世人颂扬的建筑师，要尽量制止人们在背后对他的流言蜚语，如他充其量只是一个平庸的雕塑家等，但这想必在当时是一件极其困难的事情。于是，他毫不犹豫地去劝说教皇拆除旧教堂，从而销毁连同圣所在内的那些展现米开朗基罗毕生杰作的建筑。在出于防备而引起的放荡不羁的状态中，布拉曼意念中的守护门神促使他大胆地谋划革新。布拉曼的这次革新就像是一段被人刻意建造的历史，而这段历史只是他自我幻觉舞台上的一枚玩具而已。

对布拉曼的要求，"第二凯撒"的回答起初是简短的拒绝。因为尤利乌斯二世马上就识别出，布拉曼的赞美中包含着他真正的意图。对于布拉曼的辩解，即圣·彼得的墓穴将会是新教堂的中心，尤利乌斯斩钉截铁地回答到："什么都不能改变"；"一切都必须保持原来的位置"。他将"把神圣置于世俗之上，对神的敬畏置于外在光环之上，虔诚置于做作之上。因为并没有成文的制度，规定墓穴必须置于庙宇之中，而是庙宇必须建在墓穴周围。"要找到相应的反对理由，对于尤利乌斯而言并不是件难事。因为，布拉曼的说辞并没有触及他的主要心愿，即为墓穴找到合适的地点，更不用说去实现他的心愿了。然后，布拉曼顺便提到，他将会亲自主持凯撒方尖碑的迁移事宜。同时，他还会考虑到尼古拉斯五世和保罗二世关于将方尖碑挪至圣·彼得大教堂大门处的计划。当然，到西克斯图斯五世在位时期，也就是公元1586年，他终于把方尖碑挪到了教堂大门处。

2．策略的成功

布拉曼的第一次改革计划遭到否定，但是他并没有放弃自己的目标。由于他的设想在广度上和深度上都如此的庞大，所以布拉曼打算跳出尼古拉斯的相关规划框架。在公元1505年的秋季，有关新建工程的计划基本上被通过了。虽然新计划并不是按照布拉曼的意图改变方尖碑的位置，但是比起扩建尼古拉斯的圣所来说，真可谓是一个浩大的工程。

接下来的建造程序被记录在许多文字和图片资料中，可以称作是艺术史上最杂乱无章的建筑史实。对这项浩大工程的无限期望吸引了许多建筑师们想跃跃欲试。其中一位名叫弗拉·乔康多（Fra Giocondo）的修士建筑师所设计

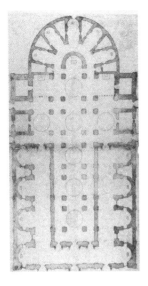

图16 弗拉·乔康多,老圣·彼得大教堂
平面图,钢笔涂色,90cm×50cm。
藏于佛罗伦萨乌菲齐美术馆的绘画
与印刷品收藏室,对开本第6页

的建筑平面图中,将一间纵向延长的中殿置于耳堂前方(图16)。教堂中殿的内部空间相当于一般教堂中殿(Langhaus)的三倍,中殿内还设计了一条宽阔的回廊,中殿四面各有一个巨大的小礼拜堂。由此可以看出,此设计中的教堂中殿显然是一个七拼八凑的组合体。尽管教堂的规模超出了常人的想象,但是为了确保对老圣·彼得教堂的崇敬,弗拉·乔康多将中殿的一侧和东墙重叠在一起。

布拉曼的建议,此时我们暂且将它看做是一种意见表达(opinione),却让他自己陷入不安之中,因为他知道,保持老圣·彼得大教堂原有的粗线条风格便是教皇最看重的事情。为了避免遭到其他人的排斥,布拉曼起初只是把精力放在教堂西侧。布拉曼很早的时候就曾设想过在重建的开始阶段就着手建立一个中央大厅（Zentralbau），但是反对意见从未停息过，反对者们认为布拉曼的想法其实就是试图将中央大厅和东侧的教堂中殿连接在一起的混杂建筑方案。同时许多有力的证据支持这一反对意见。比如，建造一个如此巨大的中央大厅的设想本身就暗藏危机，因为教皇在工程初期就看到了重建计划的激进性，因此感到力不从心，便会重提"任何事都不允许被颠覆（nihil inverti）"这个观点来反驳。

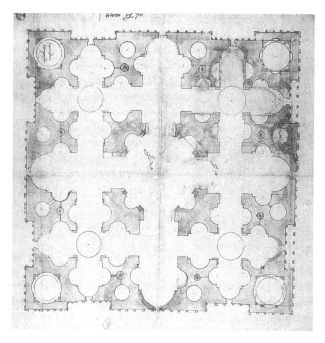

图 17　朱利安诺·达·桑迦洛：老圣·彼得大教堂平面图，钢笔涂色。藏于佛罗伦萨乌菲齐美术馆的绘画与印刷品收藏室，对开本第 8 页

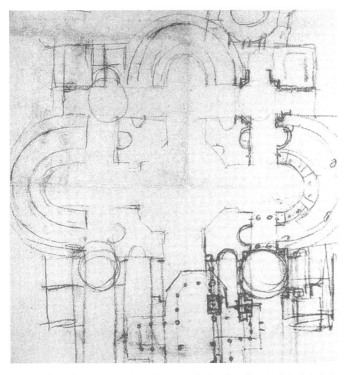

图18 布拉曼：圣·彼得大教堂平面设计图。藏于佛罗伦萨乌菲齐美术馆的绘画与印刷品收藏室，对开本第8页

布拉曼尝试着避免建造一个中央大厅，以此来对他同事朱利安诺·达·桑迦洛（Guiliano da Sangallo）的设计图表示回应。而桑迦洛和做红衣主教时的尤利乌斯二世有密切的往来，因此也是布拉曼最强劲的竞争对手。桑迦洛的设计就是中央大厅，而这种设计是有关新圣·彼得大教堂的第一份建筑计划（图17）。在设计图的背面，布拉曼画出了自

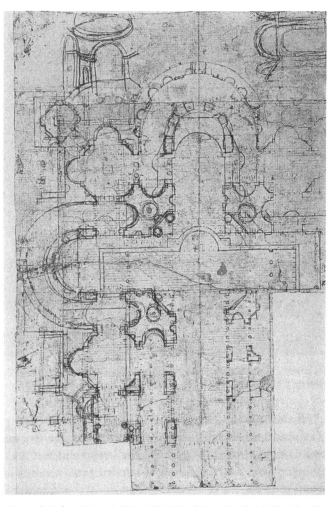

图 19　布拉曼：新圣·彼得大教堂的设计草图。藏于佛罗伦萨乌菲齐美
　　　 术馆的绘画与印刷品收藏室，对开本第 20 页

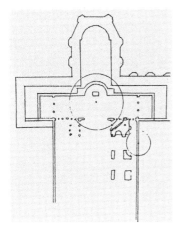

图20 系插图19中的截取图片：
旧建筑（第一层）；第一个
穹顶建筑（第二层）。（参
见：Ch. 特内斯，1994年）

己对桑迦洛设计的回应（图18）。他轻轻地拿起设计图纸，将图纸对着光，草草地用透明纸描印四个处于教堂中殿和翼堂十字交叉处的穹顶，在圆形穹顶中间描绘十字交叉处，并将东、西、南、北四个方向的半圆形后殿用回廊连通起来。在东侧，凿开一扇通向中殿的大门。在画面下端的边缘处可以看到，一个类似米兰大教堂（Mailaender Dom）的建筑主体。在画面右上方的边缘处可以看到，布拉曼在这里援引了米兰的圣·罗伦佐修道院（San Lorenzo）的外形来设计教堂的后殿回廊，虽然只能看到截取的部分建筑轮廓。布拉曼在创造这副设计图时，非常匆忙，他直接把桑迦洛那份宝贵的设计图纸背面当作了他创作的草稿纸——也许是因为时间的关系，也许是他想借机贬低一下桑迦洛。

最复杂的，也是马上让人联想到布拉曼设计草图的就

图 21　布拉曼：新圣·彼得大教堂的羊皮纸手稿。藏于佛罗伦萨乌菲齐
　　　　美术馆的绘画与印刷品收藏室，IA 号。

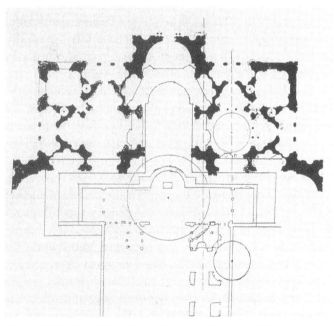

图 22　系插图 20 和插图 21 的组合图（Ch. 特内斯，1994 年）

38

是收藏于乌菲齐美术馆的第20A号展品（图19）。它的价值在于，它是建筑史上第一张在方格纹纸上创作的平面图。这幅作品给世人传达了一种理念，即设计师并不是设计委托人的奴仆。布拉曼被委派的建筑任务是为尤利乌斯的墓穴建造一个保护外壳。伴随着这一任务，布拉曼的想象力从整个建筑中迸发出来。虽然他屈从于扩建圣所这一建筑目标，但同时他的建筑设想让旧教堂从十字交叉处的设计中破框而出。

他的建筑思想风暴在三层设计图纸上体现得淋漓尽致。最底层的图纸上记载了老圣·彼得大教堂的平面图以及尼古拉斯五世的设计方案。第二层设计图纸主要记载了从教堂十字交叉处的中心延伸至右侧低端的设计方案（图20）。尼古拉斯设计中的教堂十字交叉处会扩建成穹顶大殿中的一个八角形建筑。而布拉曼的设计中只提到这个八角形建筑东北方的墩柱。墩柱的表面比较平坦刚好构成了八角形建筑的一面。（图21和22）从老教堂中殿围墙中刚好凿开一道口子，它可以通向中殿对角线方向的小穹顶（Nebenkuppel），而这座偏殿刚好位于八角建筑东南角墩柱的位置。

布拉曼为了将自己精湛的手艺传给后代，因此他专门选用了规格为54cm×110cm的高级羊皮纸，显然羊皮纸的材质要高出一般设计草稿纸（图21）。第二层设计图纸上只记载了整个新教堂西侧的设计内容。今天我们仍然可以设

图 23　卡拉多索作品：新圣·彼得大教堂落成纪念牌，创作于公元 1506 年。藏于柏林硬币陈列室

想到的是，布拉曼认为没有必要十分精确地去将整个中央大厅的设计都记录下来。羊皮纸的下端部分已经被人剪掉，但是仍然可以猜想到遗失部分记录着新教堂东侧的设计方案。因此，毋庸置疑的是，这张设计图纸呈现给世人的也是一个"组合建筑"，即教堂中央大厅和中殿的组合体。

　　乌菲齐美术馆中第20A 号设计草图（图19）将第一阶段的设计平面图当做底图，平面图上还保留着布拉曼创作的羊皮纸草图中的部分内容，即十字交叉处西侧的两座墩柱，以及那座他尝试性勾勒出的东北角墩柱，相对于第20A 号设计草图上的墩柱有了进一步的发展（图22）。布拉曼在十字交叉处的横向长廊的中央位置凿出一个半圆形的凹槽，这个结构在第20A 号草图中位于这座墩柱的东侧。从此，教堂十字交叉处就有了这个"经典"的造型，它已经成为布拉曼式建筑的标志。

然而，从圣所区域的设计图来看，布拉曼有义务去完成尼古拉斯的计划，但在一定程度上他是咬着牙、忍气吞声地完成的。圣所屋顶应该安放两根横梁，布拉曼将其中一根安放在圣所的大堂上方，这使得圣所离上帝更近了一步。打开横梁上的天窗，便可以看到小穹顶的四边形花窗。

尽管第二层设计图纸很名贵，布拉曼却不顾一切地重新着力于扫除他的绊脚石，分别在穹顶下的西北、西南和东南三个角建造三根巨大的墩柱。这便可证明，布拉曼的改造野心远远超出了尼古拉斯圣所的改建计划（图19）。他的野心还延伸至南北耳堂，他扩建了南北耳堂，教堂中殿的侧廊随之扩宽了。随之，老教堂中殿彻底荡然无存了。老圣·彼得大教堂的建筑风格是君士坦丁时期的圣殿式建筑，即教堂中殿内设有五条走廊，而经重建之后的教堂中殿内只有三条走廊。从这一点来看，布拉曼也彻底断送了前人的建筑成果。这一次是老圣·彼得大教堂第一次被彻彻底底地毁灭了：不是因为不休止地扩建和加建工程，而是因为它被无情地踩躏了。

布拉曼终于用一揽子计划说服了尤利乌斯二世，改造工程终于动土了。新教堂奠基礼于公元1506年3月18日举行，卡拉多索为此专门设计了纪念牌（图23）。和羊皮纸设计草图一样，纪念牌记录下的改建工程不够直观形象，虽然并没有面面俱到，但是可以看到改造的基本模式。显然，他的工程重点不是改造教堂的东侧部分，而是新教堂的西侧建筑，因为据说这里是尤利乌斯二世墓穴的所在地。从土壤的质地也可以辨别出来，因为教堂西侧的土壤属于湿润的泥土，而圣·彼得大教堂地基土壤成分基本是岩石。

从卡拉多索的纪念牌上，从外到里我们依次可以看到耳堂堂门上的半圆顶、两侧的钟塔、位于教堂对角线上的小穹顶、位于教堂中轴线上的圣所以及圣所穹顶，位于奖牌中心位置的是教堂十字交叉处正上方的大穹顶。仅从这一枚小小的纪念牌便可看出布拉曼的雄雄野心，即他想一次性超越古罗马高水平的建筑艺术。直至今日，人们都很难以想象，布拉曼怎会有如此大的勇气，将一个巨大的、廊柱围绕的圆形神庙盖到一般拱顶的高度。据说，布拉曼试图想建造一个类似于"和平殿"上的万神庙，也就是马克森提耶斯公共大厦（Maxentius – Basilika）。

因此，人们必须重新定义建筑的使命。它已不再是对君士坦丁时期的巴西利卡式建筑风格的扩展，而应该涉及一个没有束缚的建筑实体，至少原来老教堂的西侧部分已经被人彻底连根拔起。尤利乌斯强烈地抨击了布拉曼的第一项建筑工程，他认为，世人应该对世代流传下来的圣意表示尊敬，对神的敬畏应该凌驾于外在的光环之上。同时，这位教皇默许，布拉曼可以拆除旧教堂的主体，然后在旧教堂原址上建立一座新教堂。

3．与尤利乌斯二世的配合

重建工程的参与者们各怀鬼胎，彼此动机相互矛盾。尤利乌斯二世一生都受困于如何完成叔叔西克斯图斯四世杰作的束缚。这一束缚直到新奥古斯丁（Augustus）大帝，也就是罗马的第二位创始者在世之时，才解开。在他墓穴的碑文上记录着歌功颂德的文字：他是教堂、台伯河桥、古罗马广场，乃至大街小道的革新者（VRBE INSTAVRATA TEMPLIS PONTE FORO VIIS）。圣·彼得大教堂中的西克斯图斯四世并没有继续完成尼古拉斯五世关于圣所部分的扩建工程。因此，关于整个罗马城城市建设的革新宏图也就失去了光彩。然而，当尤利乌斯把目光转向自己之时，却发现西克斯图斯的玩忽职守也是一种成功。西克斯图斯四世，这位"新大卫"心里清楚，不是他，而是他们家族的某个传人一定能够像所罗门一样修筑一座全新的神庙。很明显，尤利乌斯一直等待着完成救恩史上的这一使命。首先，米开朗基罗凭借他的建议让尤利乌斯燃起了履行使命的希望之火。但是，米开朗基罗同时表示，希望尤利乌斯在进行墓穴改造的时候，把旧教堂的圣所改造一新。

建成纪念奖牌上的铸文洋溢着骄傲和自豪：圣·彼得神庙的改革（TEMPLI PETRI INSTAVRATIO），在尤利乌斯二世看来，铸文是对西克斯图斯四世墓穴碑文的回应。如果罗维雷家族的第一位教皇是因为重建罗马城（VRBE INSTAVRATA）而闻名于世的话，那么这个家族的第二位教皇曾许下过这样的诺言，即发誓重建基督教世界最具影响力的教堂。

尤利乌斯二世原本可以按照他叔叔的一言一行去实现上述时空对话中的豪言壮志，因为他将家族政策当做是实现自己职责的手段。他的内政目的是为了告诫罗马城的贵族们，让他们收敛一些，因为几个世纪以来罗马城的贵族们经常通过反对教皇的权力而为自己争取更多的权利。对此，他效仿西克斯图斯四世当年的暴力政策。因此，西克斯图斯当年在罗马贵族的眼中就是第二位尼禄，他的行径甚至比尼禄更加残暴："圣人尼禄，你该放心欢唱了，因为在邪恶上，你是斯克斯图斯的手下败将。"

在任命新枢机主教的仪式上，罗马城内的名门望族每每遭到尤利乌斯二世的鄙视。除了这一耻辱之外，他们还经常受到言语极度粗暴的奚落和侮辱，比如尤利乌斯二世派人在贵族住宅区域修筑了多条通向教皇府邸的道路。那条用教皇的名字命名的大道——茱莉亚大道（Via Giulia）——作为笔直的直街（Via Recta）的轴线，弯弯曲曲地穿越了一大片宫殿区域。尤利乌斯二世将茱莉亚大道视作疏干城中沼泽湿地的标志，而在那些贵族看来，那条大道是打入敌人内部的、有秩序的监视器。

在这种情况下，可以确切地说，随着所谓的"大清除运动"，整座城市也从各种障碍中解放出来，这些障碍是教会专制主义道路上的绊脚石。结果很明显，"大清除运动"

从尤利乌斯的教堂开始，这样不仅可以清除教堂内代表各个墓穴和殿堂的特殊利益，也可以一次性将那些棘手的、纠缠不清的历史遗留问题清洗一空。一座全新的、富于冒险精神的建筑物用一枚未来图章对抗历史，同时尤利乌斯也将自己家族的名字刻入了这枚图章之中。出于这一原因，尤利乌斯并不反对将罗维雷家族和教皇专政联系起来，而这正是以往教皇不愿意冒险的事情。

新圣·彼得大教堂本应该成为尤利乌斯二世心目中暨台伯河之外的另一座代表罗马的标志性建筑。此外它对历史的作用还表现在：在圣·彼得大教堂建成之前，教皇的宫廷卫队由罗马贵族组成，而在此之后瑞士卫队接替了这一职责。布拉曼的穹顶建筑与罗马古典神庙及其城堡的建筑模式格格不入，其反差度之大像磁铁一样吸引了众多目光和仰慕者，同时也将儒雅市民们的怨声载道扼杀在沉默中，他们认为全新的建筑会让罗马城失去古典的华丽光彩。新教堂的每个角落都渗透着布拉曼的宏伟蓝图，比如全盘摒弃旧教堂西区建筑、极力促成建造一座在格调、理念和规模上都史无前例的大教堂等等。随之，涉及尤利乌斯公职、家族以及私人等各方面的利益都被揉入了这个庞大的建筑项目之中。

最终，尤利乌斯二世和布拉曼下定决心要重建圣·彼得大教堂。但是，两人并未起誓过，重建不是单纯的加建，而是借助重建彻底毁灭所有现成建筑。在这一点上，两人并没有达成统一。这也说明了尤利乌斯二世及其党羽的重建是建立在美学基础之上的。圣康提（Sigismondo dei Conti）解释道，这座天主教的宗座圣殿不仅长年失修，并且艺术价值不大。教堂中狭长的横轴（Querschiff），其长度还不及教堂中央走廊的宽度，还有作为教堂肢体头部的圣所小到只有一个空间拱，在大小比例上和其他部分也不协调。从整体来看，教堂就好像一个扭了脖子的人一样。因此，老教堂的外表让人丝毫联想不到文艺复兴时期人们对美的追求。这也许也是摧毁它的一大原因。

瓦萨利将布拉曼誉为革新者，因为布拉曼用一种极端的方式对建筑艺术进行了彻底变革，就像希腊人当初发明建筑艺术一样。这种赞美促使新教堂继续存在于民众的崇拜之中，新教堂的建筑结构、思想、外墙以及壁画都被教徒们神化。从心理学上来说，正是因为这个原因，人们才胆敢参与这项空前绝后的毁灭及重建事业。

因为建筑艺术首先被理解为人类思想史的一部分，因此设计图纸在当时也被算作建筑艺术的一部分，就像今天人们所理解的一样。建筑师毫不费劲地起草建筑草图，这是建筑试验品，不会受到任何质疑的羁绊，例如不能拆除已经完成的建筑成品或者正在建设中的半成品。不管是拆除老建筑，还是新建筑，这种残忍的行为给人错觉，即人类创造的建筑产品不是碍手碍脚的庞大立方体，而是弹指可破的建筑草图。瓦萨利将无数张记录新教堂建筑结构的草图纳入自己的绘画收藏中，这一过程为他后来创造的"设计"理论（disegno）起到了推动作用，因为他认为真正的建筑是在用纯粹的线条创造艺术："建筑艺术全部都是由线条构成的，这对于建筑师而言莫过于建筑灵感的来源和建筑创作的目标，因为剩下的事情，例如如何用木料将图纸上的线条表现出来，这些都是石匠和砌墙工的事情。"瓦萨利认为建筑设计图纸上的线条和付诸实践的木质结构是有区别的，以此来反对新教堂改造工程总负责人安东尼奥·地·桑迦洛（Antonio da Sangallo）以及其他职业建筑师的行为。

布拉曼精心挑选参与改造工程的人员，不辞辛劳地反复强调建造质量，从而将罗马建筑水平向前推进了好几十年。但是，如果他能进一步强调瓦萨利对建筑图纸的重视就更好了。在建筑草图上，他用最简单的方式体现了他独有的神经质和容易冲动的个性；也就是说，其毁灭性的意志力是刻不容缓、无法阻挡的。无论是新教堂的构建，还是旧教堂的拆毁，都体现了能使人浮想联翩的建筑图纸的无穷力量。因为，建筑图纸将设计师容易冲动的个性和教堂固有结构的绝对权威巧妙地融合在一起。

4．米开朗基罗的失败

建筑图纸的独特个性意味着，建筑先驱者们在从事教堂改造工程时，就像侯爵们为了誓死保卫封地而抵御外来侵犯者一样效忠职守。个性的自由发挥和竞争带来的束缚联系在一起。就连也想承担改造工程的米开朗基罗也成了竞争的牺牲品。

米开朗基罗设计的尤利乌斯二世墓穴为布拉曼铺平了实现其建筑梦想的道路。时隔四十余年的阿斯卡尼奥·康迪维（Ascanio Condivi）仍然骄傲地放言，如果没有米开朗基罗的墓穴计划，教堂改建工程就不会付诸实践。他说："在这个意义上，米开朗基罗不仅促成了已开工工程的顺利完工，如果不是米开朗基罗，也许迄今为止屹立在人们面前的还是老教堂；同时他也坚定了教皇的决心，即按照全新的、更宏伟的建筑计划改造教堂其他区域。"

康迪维认为米开朗基罗在圣·彼得大教堂的重建中扮演着十分重要的角色。他的作用远远超越了这一点，即新建工程是建立在牺牲他墓穴计划的基础之上。放弃米开朗基罗墓穴计划的论调也出自康迪维的猜想。他虽然站在米开朗基罗的立场上思考这个问题，但确实许多外在的事实可以证实这一论调。尤利乌斯二世在头脑清醒之时曾经担忧过，现有资金无法同时承担墓穴和道路双方面的改建。尤利乌斯在没有告知米开朗基罗本人的情况下，取消了他的薪水：就算是第二凯撒也无法面对艺术家带来的"恐惧"（terribilita）。米开朗基罗也似乎嗅到了因为嫉妒而带来的小算计。他从教皇那里得到了如此多的宠爱，越来越多的宠爱带来了嫉妒，嫉妒最终变成无穷无尽的迫害。因为建筑师布拉曼成功地说服他敬仰的教皇一定要在有生之年将墓穴建好，并使教皇相信他的建议并非无稽之谈，尽管民间普遍流传着一种说法，即在自己有生之年建造墓穴是个坏兆头。"这件事为后来米开朗基罗对布拉曼的多年宿怨种下了祸根。

　　起初，米开朗基罗还不愿意承认这个威胁式的拒绝，于是他开始用自筹资金购买大理石并雇佣建筑工人。但是，当他多次遭到教皇护身守卫回绝之后，他开始胡思乱想，他认为尤利乌斯或者布拉曼企图谋害他，因此在大教堂改建工程奠基仪式的前一晚，他便乘坐邮政马车逃离罗马，奔向北方。凌晨两点左右，他已到达佛罗伦萨地界。本应该对于他来说的一个胜利，却从此演变成了人生悲剧。在他逃离罗马之后不久，他给建筑师安东尼奥·地·桑迦洛写信，告诉他自己已经离开罗马，因为他担心"如果继续留在罗马，将会先建造自己的墓穴，然后才是教皇的。"当他在信中提到尤利乌斯二世的墓穴计划时，他便抱怨到："早知道是这个结局，还不如早年学习制作火柴。"

拆除、新建和停滞（1506~1546年）

1. 新建筑的自我毁灭

终于，布拉曼可以大展拳脚开始改造了，但是他也为此付出了代价，因为他无法毫无羁绊地将建筑草图中的全部思想付诸实际。公元1506~1514年间完成的建筑作品呈现

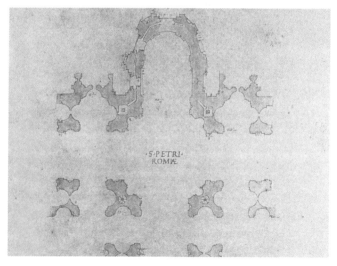

图24　贝尔纳多·德拉·沃尔珀亚：圣·彼得大教堂新建部平面图，创作于公元1514年，藏于伦敦约翰·索恩爵士博物馆，对开本第31页

出两种截然不同的风格（图24）。从贝尔纳多·德拉·沃尔珀亚（Bernardo della Volpaia）于公元1514年创作的新建平面图中可以看到穹顶下的两根墩柱，它们是布拉曼在设计最后阶段特别加入的。他的意图是，两根墩柱将成为环绕尼古拉斯圣所回廊的起点（图19）。但是，结果并非如此。

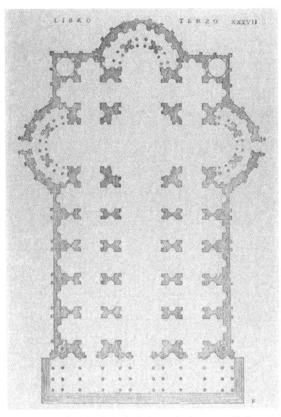

图25　1507年的教堂改造图（1987年由F.G.W.梅特涅和
　　　Ch.特内斯修复）

尤利乌斯二世曾经发出命令，禁止圣所的西耳堂超出原来尼古拉斯圣所的范围。这样一来，教堂十字交叉处的四根粗大墩柱和短小的教堂圣所形成了强烈对比。从此，新教堂看上去就像头缩进脖子里的巨人一般。

至于这种戏剧性的结果到底在多大程度上受到原始设计图的影响，迄今的争议性很大，因为原始设计图是否真正存在过，也是一个迷。塞巴斯蒂安诺·塞里欧（Sebastiano Serlio）也认为布拉曼建筑模型的"某些部分并没有完成"，虽然其中蕴藏着布拉曼最崇高的建筑理想。然而，对布拉曼建筑设计图的修复总能让人联想到，布拉曼被迫缩小西圣所的建筑规模（图25）。他被人设计陷入这种荒谬的困境中，即改造工程必须从圣所开始，而圣所规模的减小和他的初衷背道而驰。因为改造后的西圣所不仅没能解决老圣·彼得大教堂美观缺陷，反而将这个缺点发扬光大了。在这一点上，教堂的改建驳斥了西圣所的存在。

如果布拉曼听命于教皇，即将圣所西侧垒高，那么这座圣所耳堂对于他而言象征着一个"长期的权宜之计"。教堂外部结构呈现出多里克式的排列风格，就像阿什拜收藏馆（Collection Ashby）中的那副圣·彼得大教堂绘画所展示的一样。然而，这种风格同时表明了，布拉曼从这个权宜之计之中赢得了一种自由，即形成多里克式排列风格的自由，当然在当时这种风格并不出名。如果在布拉曼死后，柱顶盘（Gebälk）还没有完成的话，那么，有可能是因为

图 26 　无名氏：绘图——布拉曼设计图中西圣所的西南角。藏于梵蒂冈城梵蒂冈图书馆阿什收藏馆，第 329 号

当时人们认为这个建筑主体会在将来的某天坍塌或者需要重新加固；但是，改造设想很可能远远超出了当时的建筑水平。至少在那个世纪中叶，已经出现了反对有关西圣所的建筑设想。而此后不久，米开朗基罗有可能极力争取过西圣所的改造方案。

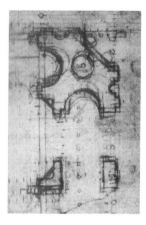

图 27 十字交叉处东南侧的墩柱，图 19
的截图

　　教皇要求布拉曼以最大的能量投入到建筑主体的改革
中去，这与布拉曼对教堂的整体改造设计相背离，因此面
对如此苛求，布拉曼决定将重建奠基仪式的地点选在老教
堂十字交叉处的西南墩柱处，而不是教堂内的圣所处，而
时间则选在公元1506年4月18日。布拉曼在十字交叉处的
西南墩柱，也就是所谓的"维罗妮卡"墩柱（Veronika –
Pfeiler），和其对称物，等于在西北角的"海伦娜"墩柱
（ Helena – Pfeiler）之间安放了一个炸药包。他必须履行
教皇的圣所改建计划，同时他也想实现十字交叉处的扩建
构想，因此，他内心的设计裂痕越发深刻了。教皇告诉他，
也许也是教皇的一种期望，希望他能够通过放弃圣所来解
决这个冲突。为了扩建圣所的西耳堂，不得不在公元1585
年拆除这个充当建筑总设计的牺牲品：圣所。同时，布拉
曼也成为了他长期部署的改建计划的牺牲品。

图 28　老圣·彼得大教堂的内部图（由 T.C. 班尼斯特于 1968 年修复）

　　从此，布拉曼便消除了一切顾虑，安心改建十字交叉处的墩柱。公元1507年4月，为了修筑东侧的两根墩柱，他派人拆除了教堂横轴的东侧墙体和老教堂中殿西侧的横梁。这样一来，教堂的改建工程是从两侧向中心逐步展开的。乌菲齐美术馆中第20号作品（图19）细致入微地描绘了，布拉曼的策略是如何影响教堂中殿结构的。穹顶下巨大的墩柱（Kuppelpfeiler）为在十字交叉处两侧的半圆形小堂周围建造回廊预留了足够的空间，而两侧小堂在改造后就成了教堂中殿内部的侧面走廊，因此两侧小堂的原址刚好就是改造后教堂中殿侧面走廊廊柱的位置（图27和28）。当布拉曼在建筑草图上记录下这一疯狂的设想时，想必他的头脑中正浮现出一副旧教堂廊柱顿时裂成碎片的画面。可想而知，幻想中的画面远比客观现实更能让他舒心快活。

传说，老圣·彼得大教堂内部廊柱是君士坦丁大帝（Konstantin der Große）从圣天使城堡（Hadrian - smausoleum）运来的。如果当时布拉曼也曾想过，将老教堂的廊柱变为穹顶下的墩柱，那么这种行为和当时君士坦丁大帝陈列战利品的行为毫无分别。战胜古罗马这一历史事件首先体现在物质毁灭方面。米开朗基罗把布拉曼首先定义为一位破坏者，因为"他摧毁了老教堂，推倒了那些屹立于教堂内部的宏伟廊柱，而他并没有关心过或者注意过，这些廊柱已经变成废墟，尽管他在实施毁灭时动作是多么的轻柔，尽管这些廊柱原本是可以保存下来的。"米开朗基罗所指的是那两根高达13米的珍贵廊柱，它们是在尼古拉斯五世时期被运送到老圣·彼得大教堂圣所的。在公元1507年年初，老教堂的拆毁工作拉开帷幕，原先的廊柱不是悄无声息地消失了就是被埋入了新教堂十字交叉处的基坑里。

教堂穹顶下的四大墩柱是解决建立和拆毁之间复杂关系的关键点。以这四大墩柱为出发点，布拉曼可以将西圣所看作是冗余建筑物，这样的话，老教堂的核心部分会受到破坏，也就是说，老教堂的主体将失去意义。从而，四大墩柱变成了教堂重建工程的阿基米德支点。因此，没有别人再有能力拿走炸药包的引信，即使他愿意让别人去做。布拉曼将自己的名字和这四大墩柱永远地捆绑在一起，这是教堂其他建筑元素不可能获得的殊荣。它们曲折的发展过程，以及从固定束缚中的摆脱，对圣·彼得大教堂而言都是具有划时代意义的新型支撑点。但是，它们也构成了布拉曼建筑原则"生产性破坏"的重要手段。同时，他们是作为罗马守护神的新圣·彼得大教堂历史上的典型标志。

在公元1506~1511年期间，布拉曼完成了以下几项建筑任务：将四大穹顶墩柱垒高、在四大墩柱之间搭筑四个隔层横梁拱顶（Scheidbogen）、并开始修建穹顶的支架，即帆拱（Pendentifs）。此间，尤利乌斯二世也逐渐明白了他在重建工程中的职责。对圣·彼得大教堂的重建，尤利乌斯和布拉曼之间形成了基本统一，但是二人对目标实现的不同阶段的侧重点不同。尤利乌斯二世希望能在预期的时间内看到自己的陵墓以及整个圣殿西半部分的新格局，而布拉曼则希望借助穹顶下的四大墩柱加固新教堂的整体结构。

资金问题则是重建的另一大阻碍。公元1505年，人们确定了教堂的重建设计方案，公元1506年，重建工程开始动工。但是，此前从未对重建的物资供应以及高达250名左右的人力供应有一个长期的或者起码是中期的规划。而对教堂产业税收的不断提高并没能缓和重建的财政危机。在工程奠基那天，许多国家收到请求书，其中包括英格兰王国的亨利七世（Heinrich Ⅶ.）。自公元1507年开始，为了重建圣·彼得大教堂，在整个欧洲开展了一场赦罪券运动。由此获得的金钱全部运往罗马，然而这些资金无法实现原定的重建目标。公元1511年5月至1512年3月期间，尤利乌斯二世收到的福格尔家族（Fugger）缴纳的赦罪券高达22000杜卡特（Dukaten），其中用于重建工程的只有800杜卡特，而这并非整座教堂的重建费用，只够用于西圣所改建。

自公元1511年始，十字交叉处的改造工程没有任何进展。此前，教皇为了实现他最初的梦想，即在西圣所处建造自己的墓穴，而不得不让整个重建工程自生自灭。想到教皇的无奈，实在令人同情。工程的停滞不亚于因为懦弱而滋长的对重建计划的暗中破坏。这无疑是重建给自身的第二次打击。重建工程的第一步是改建西圣所，这个决定给整个工程带来了无法弥补的损失。这种停滞状态持续了几十年，直到米开朗基罗接手重建十字交叉处为止。

面对这种停滞，批评家们把这四根高达五米的墙墩当成了批评符号。他们暗自希望，如果布拉曼那支用来摧毁君士坦丁堡圣殿的杠杆也能即刻毁于一旦那该多好啊。公元1531年美景宫庭院（Cortile del Belvedere）的倒坍并没有提升布拉曼的声望，因为人们认为，倒塌的厄运终有一天会落到新圣·彼得大教堂的头上。塞里欧在公元1540年写到，从美学的角度来说，布拉曼模式永远都不是一件建筑成品，因为布拉曼是一个冒失多于谨慎的人。隔层横梁拱顶的重量过大，以至于拱顶连同墩柱和壁柱也会因此坍塌。对此，阿斯卡尼奥·康迪维持有同样观点。他假设了一种挥霍欲望和利益欲望组成的混合体。布拉曼在建造墙体时，选择了劣质的建筑材料，因此他的建筑作品注定会濒于毁灭。

这些评论并非空穴来风。在布拉曼死后不久，也就是公元1514年的七月至十月，弗兰·吉奥孔多（Fra Giocondo）接手了圣·彼得大教堂墩柱的后续工程，当然返工是肯定的。公元1585年，对南墩柱区域的加固工程有可能会让米开朗基罗设计的、刚建成的穹顶座圈坠毁。十字交叉处的一根墩柱地基因为地壳运动而近乎松垮。

问题源于不利的地基条件，与缺乏事实依据的数据无关。因此，如果是一个勇气稍逊一筹的建筑师，可能早就退缩了。所谓有关西圣所的"长期权宜之计"从一开始就注定了毁灭的结局。在公元1507年的5月，也就是重建开始后的第一年，一位教堂的拜访者看到一条"长长的"裂缝后作出了毁灭性的评论，即"现代建筑师"还没有达到古代建筑师的水平。对于这个裂缝，布拉曼没有要修复它的意思，因为他好像也尝试着和古代较劲，不过他想较量的不是古代建筑那完美无缺的华丽，而是那些被摧毁传言的价值。显然，人们只是将就地修补了这条裂缝，因为据说公元1585年，圣所耳堂已经"完全断裂"了。同年，圣所耳堂被推倒，取而代之的是米开朗基罗设计的圣所。在布拉曼去世之后的大约70年里，教皇和建筑师之间的冲突最后都是按照建筑大师的意思解除的，其代价就是放弃那些原本可以近乎完美的建筑创作。

2．自我认识和外界批评

人们不知道重建是否能在短期内完成，尤利乌斯二世和布拉曼之间的分歧也因此而愈演愈烈。起初教皇希望先建造"自己的"圣所礼拜堂（Chorkapelle），然后再开展全面的重建工程，而建筑师为了保全改建工程的运行和持续的资金供应，不得不首先修建礼拜堂。自公元1511年起，资金只够供给建造礼拜堂。因此从那时起直到生命的终结，教皇都显得很懦弱，而这种懦弱对全面进行重建工程的决策起到反作用。由此不禁给人一种印象，尤利乌斯二世不仅是对自己行为的第一个也是最坚决的反对者，虽然他自己不愿意承认。

尤利乌斯二世在四大墩柱奠基之后就不再支持重建工程，可能不是因为他不再相信布拉曼，而是因为事情发展到这个地步已经无法回到原点。自公元1511年开始，教皇缩减了重建工程的资金，将所有资金都用于西圣所，在重建工程的第一阶段就出现了灾难性的停滞，是人们刻意对已实现目标视而不见的结果。人们无法理性地解释停滞的出现。对重建工程进行形而上学式的艺术加工是教皇经常庆祝重建的原因，但是这种行为看似是愧疚心的逆转现象。

这种愧疚心使得在整个欧洲大地上掀起一股为教堂重建而征收赦罪券的狂潮。教皇欣喜地看着源源不断的资金涌入财政收入中，但是教皇赦罪通谕的反复颁布似乎让他高兴不起来。公元1508年11月，教皇给波兰国王写信交代有关赦罪券的事宜。这封冠冕堂皇的官方信件的字里行间中流露出他个人对赦罪券运动的态度。尤利乌斯二世解释到，如果不是因为信徒们朝圣的宗座圣殿几乎将毁于一旦，所以需要一大笔资金重建大教堂的话，那么他绝对不会颁布赦罪券的命令。这着实是一件让人羞耻的事情。从这封信可以看出，教皇希望从他人那里获得对赦罪券运动的支持和安慰，而对此应该负全责的却是他自己。然而，在信中他将赦罪描述成一种突如其来的自然灾害。

同时代的人们看似被这座君士坦丁式宗座圣殿（die konstantinische Basilika）的毁灭以及布拉曼的突起物——那四根直入云霄的穹顶墩柱——所征服。然而，批评的声音越来越大，如保罗·科尔泰西（Paolo Cortesi）在公元1510年所著的《关于红衣主教之职》（De cardinalatu）中就批判了重建工程。而对于其他一些同时代的人来说，新圣·彼得大教堂可以满足他们心中对毁灭的欲望。从开始改建那天起，人们就可以看出：改建过程本身就是毁灭的过程：不仅是对旧圣殿的毁灭，也是对改建的毁灭。教皇秘书（Paris de Grassis）讽刺而又有预见性地发现，原来教皇非常享受毁灭和重建的过程，"而这些都是由建筑师实现的，如布拉曼，或者更确切地说由那些"毁灭者"来实现，而这些毁灭者的称号也是名副其实，是因为他们的行为导致了罗马乃至整个世界都在不断地发生着破坏、产生着废墟。"

尤利乌斯去世之后，也不能逃脱讽刺性的批判。在公元1513年所著的对话录中，彼得（Petrus）向着通向天堂的大门对教皇发出呼吁："您拥有一群果断的勇士，您拥有财富，您本人就是一位优秀的建筑师：请您在另一个世界建造一座新的天堂吧！"诗人安德雷·瓜尔纳（Andrea Guarna）在于公元1517年撰写的对话录中，将上述建议中的讽刺转移到了布拉曼的身上，并将这种讽刺发挥到极致。斯米阿（Scimia），也就是彼得的对话伙伴，提到，布拉曼在临终的病榻上已经决定，他不会在复活的时候才选定新圣·彼得大教堂的大门位置；就他自己而言，他希望在到达天堂的途中思考这个问题。当布拉曼接近天堂大门之时，彼得问道："这就是毁灭我教堂的那个人吗？"对此，他得到了一个肯定的回答："如果他有能力的话，他还会摧毁罗马，乃至整个世界。"然而，布拉曼将毁灭老圣·彼得大教堂的全部责任都归咎到尤利乌斯二世一个人的身上。其目的在于，在他和彼得完成对话之后能够到达天堂，如果他能够建造一条连接世间和天堂的台阶，而且当人们骑马经过这个台阶时不会有任何怨言的话，之后，他还会重建天堂中那些长年失修的圣徒住所。对此，彼得没有做出回应，因此布拉曼就威胁他，他会改变方向，准备下地狱，去参拜地狱中的上帝，并且决定加高那些因为地狱之火而摇摇欲坠的地狱建筑。

历史学家们也开始和讽刺诗人们并肩作战，对重建进行批判。拉菲尔勒·马菲（Raffaele Maffei）于公元1520年在他关于当时教皇的纪实中表达过反对意见。这些异议被掩盖在罗马之劫（Sacco di Roma）带来的灾难中。16世纪中叶之后，这些异议又被人们重提，并最终形成了一种有特色的、以教堂和艺术史为主题的批判体系。

最大的批评出现在瓦萨利的生平记录中。对于他而言最重要的是，首先帮助布拉曼开脱罪行，他认为布拉曼并不是摧毁老圣·彼得大教堂的罪魁祸首。瓦萨利认为，布拉曼是在得知"必须先摧毁老教堂，然后重新建造一个全新的教堂"的愿望之后，才向教皇递呈了他的设计方案。另外，瓦萨利还论证了布拉曼在面对这座君士坦丁式建筑以及教堂所有财富时，表现出的坚定；他怀着极大的兴趣，"亲眼看着老教堂建筑慢慢地倒塌，他亲手将老教堂的瑰宝，如那些宏伟的教皇陵墓、华丽的绘画和马赛克装饰，一一毁灭，如此，圣·彼得大教堂，这座举世闻名的天主教圣殿，它收藏的众多名人雕像也逐渐从世人的记忆中消失。"

以上论述透露出天主教特伦托大公会议（Tridentine）的独特文化。那些作家越是接近反宗教改革，就越是难以接受君士坦丁式宗座圣殿毁于一旦的事实。批评的声音一直在将罪责归咎于建筑师还是归咎于教皇之间徘徊。公元1560年左右，也就是五十年之后，奥古斯丁修会的修道士、天主教考古学家奥诺费奥·潘维尼奥（Onofrio Panvinio）表示，老圣·彼得大教堂的毁灭是布拉曼早就预谋好的，他用无数张建筑平面图、建筑草图、不断地促膝谈心以及对未来荣誉的许诺说服了教皇。在这里，潘维尼奥想暗示一种心灵上的作用，创造力和阿谀奉承相互交织对心灵会起到一定的触动作用。另一方面，面对各种怀疑，尤其对那些由于在枢机主教之间爆发的大范围反抗而赢得呼声的怀疑，他仍然对教皇的责任坚信不疑。当批评家们在仔细斟酌之后发出异议之时，民众对他们就越发生气了："他们批评的初衷不是因为他们不想看到一个世界上最富丽堂皇的新教堂的出现，他们的抱怨源自对旧教堂连根拔起的这种无情毁灭，因为世界上许多至高无上的圣人陵墓集中在这里，它是世人向往的朝圣之地。"潘维尼奥对尤利乌斯二世的批评更加尖锐："尤利乌斯坚决要拆除老教堂的一半建筑，这样才能凸显新教堂的建筑。"为了确保对拆除老圣·彼得大教堂保持独立的反对态度，而这些反对意见是建立在有根有据的、来自尤利乌斯二世时代的各种声音基础之上，那么，回想起来，潘维尼奥在多大程度上促成了一种一致的反对声音，后人就不得而知了。不管怎样，在潘维尼奥的时代里，他对这种反对起到了推波助澜的作用。

枢机主教凯撒·巴罗尼奥（Cesare Baronio）从这座康斯坦丁式大教堂的毁坏中看到了教堂历史上一种无法修复的损失。保罗·艾米利奥·桑托罗（Paolo Emilio Santoro）认为责任归于历任教皇，因为圣·彼得大教堂的重建表明了，比起天国的荣耀，他们更加在乎世俗世界的赞誉。启动重建工程以及老教堂的拆毁，造成这些弥天大祸的始作俑者就是尤利乌斯二世。

最终，菲利波·波兰尼（Filippo Bonanni）企图通过论证来为这位教皇进行辩护，尤利乌斯二世不分昼夜地对老圣·彼得大教堂的残余瓦砾进行评估和保护。波兰尼自己也预感到，比如他的文献是这样开头的："为了能够尽快完成重建工程，为了让教堂周围的整片区域交通更加便利，所以教皇谕令建筑工人拆毁老教堂一半区域的建筑。"

3. 保护性建筑和绘画中的乌托邦

如果新圣·彼得大教堂的建筑史不是一种灾难，一种对拆除旧教堂这种无耻行为的报应，那么那些反宗教改革的传统代表者们就不会如此大张旗鼓地提出对摧毁这座君士坦丁式建筑的批评。

如瓜瓦纳（Guarna）在讽刺作品中的描述那样，如果布拉曼一直在天堂门口等着，一直等到新圣·彼得大教堂建成为止，那么他应该是第一位谴责者。因为建筑已经停滞不前了。在布拉曼有生之年，就已经开始在利奥十世（LeoX.，在位时间：公元1513~1521年）的带领下建造南面的墩柱（Konterpfeiler），而南面墩柱的位置就决定了教堂横轴以及南侧回廊的大小（图24），虽然由此能推断出一堵高大的围墙，但是牺牲了圣女彼得罗妮拉（S. Petronilla）礼拜堂的圆形建筑；邦西格诺·蓬斯涅尼（Bonsignore Bonsignori）表示，其中一根墩柱的地基刚好位于圣女彼得罗妮拉礼拜堂的位置，其目的是为了"赞美上帝"。这座圆形建筑物是于14世纪末为西罗马皇帝霍诺留（Honorius）的妻子建造的陵寝。陵寝刚好位于塞维鲁王朝的圆形建筑隔壁，陵寝面朝圣安德烈教堂（又称 S. Maria della Febbre）。在加洛林王朝时，这座建筑奉献给圣女彼得罗妮拉（图14、15和47）。当这座以圣女彼得罗妮拉命名的圆形建筑成为教堂重建工程的牺牲品之后，那条连接教堂、加洛林王朝和西罗马帝国的纽带也随之消失了。蓬斯涅尼曾经用犀利的言辞评价布拉曼建造的圣所，并用讽刺措辞描述摧毁圆形建筑和墩柱奠基礼之间的矛盾，即"人们先摧毁了圣·彼得教堂，然后再建造新教堂。"

布拉曼最后的建筑作品结束了人们顺利开展重建工程的希望。公元1506年，当老圣·彼得大教堂十字交叉处的天花板被拆除后，教堂中的主祭坛、教皇御座以及圣·彼得陵墓就开始遭受风吹日晒的摧残。世界上最神圣的地方陷入了混乱，弥撒也只能勉强举行；甚至因为风雨等恶劣天气人们不得不提前结束仪式，很多次连蜡烛都无法点燃。在布拉曼任职的最后阶段，大礼弥撒不得不挪到侧面的西克斯图斯四世礼拜堂举行，因为那里相对来说要宽敞一些，也是一个相对封闭的空间。因此，在那时，西克斯图斯四世礼拜堂承担了一部分大教堂的功能。

也许，尤利乌斯二世认为将弥撒地点转移到家族式礼拜堂不合适，然而他也没有找到任何应对措施。当利奥十世接手重建工程之后，就决定要补救这种有失尊严的局面。在公元1513年的圣灵降临节直至1514年复活节期间，也就是布拉曼人生中的最后一年（公元1514年3月11日，布拉曼与世长辞），利奥十世派人在大祭坛和教皇御座的上方建造了一个墓穴华盖（tegurium）。一张60年代的绘画展示了这个保护性质的建筑，以及相邻的分别于公元1519年和公元1526年经改建和扩建的附属建筑。从整体上看，它们共同形成了一组显眼的小型建筑群，其中，三根主轴形成的结构好像三座凯旋门一样。（图29）布拉曼对圣·彼得大教堂采取的特立独行的建筑行为使得西圣所区域的建筑群自成体系。其原因有可能是因为这些建筑群给人一种多余的感觉，所以布拉曼的这个权宜之计越来越有可能演变为一场建筑试验。

而这个权宜之计比这些多余的建筑群存在的时间还要长。在拉斐尔按照布拉曼的建议于公元1514年接手了改建工程之后，工地上所发生的一切很少能给人这样的感觉，即大祭坛上方的八角形屋顶尖塔可以拆除了。在拉斐尔主持改建工程期间，工作集中在地基、走廊以及南耳堂外围区域划分以及方济各礼拜堂（Cappella del Re di Francia）（图30）等方面。而今天能够证实拉斐尔建筑措施的只有那个位于教堂横轴突出部分（Kreuzarm）和小穹顶之间的、精致方格装饰的筒形穹顶（筒拱）。

另外，拉斐尔（Raffael）似乎通过观察改建工程，而

图 29　无名氏：从圣·彼得大教堂的中殿眺望十字交叉处，素描，创
　　　　作于公元 1563 年之后。藏于汉堡铜版画陈列室，第 21311 号

图 30　马丁·楚·汉姆斯科尔科：拉斐尔南耳堂回廊一瞥。藏于柏林国
　　　　立普鲁士基金会的铜版画陈列室，参见汉姆斯科尔科绘画速写本
　　　　Ⅱ，对开本第 54 页，右侧

得出结论：认为自己的任务并不是去完成改建，而是去
挑战原有的设计图纸。公元1516年，拉斐尔任命安东尼
奥·地·桑迦洛（Antonio da Sangallo）作为图纸的主要责
任人。拉斐尔处于一种高度亢奋状态中，人道主义和新教
人士对他的异议丝毫不会影响他的情绪。而这种高亢的情
绪源于一笔始料未及的巨额资金："什么地方"，他在公元
1514年的1月1日花言巧语地说，"能够像罗马这样带来如
此大的荣誉，哪一座建筑能够比得上这座世界之最的教堂，
圣·彼得大教堂。它是迄今为止最大的建筑工地，建筑资金
可能高达百万；众所周知，教皇已经决定每年会投资六万
杜卡特用于教堂的重建工程。对此，教皇从未动摇过。"伴
随着对这笔巨额资金的无限憧憬，圣·彼得大教堂也随之成
为了建筑幻想学的圣殿，因为它总是幻想着自己成为欧洲

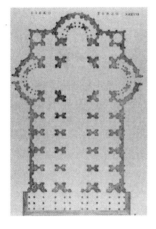

图31 由拉斐尔补充过的布拉曼关于新圣·彼得大教堂的平面图。参照：斯蒂安诺·塞里欧的第三本书，于公元1530年出版，第37页

建筑史上前无古人后无来者的奇迹。

如果拉斐尔在制定教堂改造计划之时，已经感觉布拉曼圣所，这座已经完成的教堂建筑，格外显眼的话，那么对于拉斐尔而言，圣·彼得大教堂只是他幻想中的一部愿望机器而已。他要处理的问题是，这个美第奇家族（Medici）的教皇对这个好高骛远的改造计划抱有极大的兴趣，也许教皇的目的是为了解决剩余资金的运转问题。因此，拉斐尔可以通过激活布拉曼整体的改造计划，而在头脑中消除西圣所和其余建筑之间的冲突。他在这个拥有三道回廊的教堂中央大厅上方搭建了三根横梁，从而西圣所的长度被延长至他最初设想的规模，并同时解决了教堂被隔离在罗马城之外的这个悬而未决的问题。当塞里欧开始致力于研究新圣·彼得大教堂的建筑历史时，他已经证明了布拉曼的最终版设计图是由拉斐尔完成的，从此这幅记载着新教堂设计平面图的木刻画

就成了布拉曼和拉斐尔两人共同的专利（图31）。

公元1520年，拉斐尔去世。此后，安东尼奥·地·桑迦洛成为他的接班人，而巴达萨尔·佩鲁齐（Baldassarre Peruzzi）成为教堂改建工程的第二大建筑师，他也因此拥有了完成所有建筑方案的机会。桑迦洛对布拉曼设计的批评面面俱到，不管是整体方案还是设计细节都被他批评得一无是处，批评最终集中在这个狭长的、格局千篇一律的教堂大厅上。通过无数次的研究之后，他决定试图再建造一个穹顶来解决这个难题。

相反，佩鲁齐希望实现一个像瓦萨利所设想的"宏大完美的"模式，这个模式是为了迎合利奥十世那个改变之后的愿望，即在较小的范围内完成布拉曼的预先计划。也许，瓦萨利也提到过佩鲁齐的想法，即建立一座崭新的教堂中央大厅，而不只是教堂中殿（Richtungsbau），相比之下建造中央大厅的花费要少一些，可实现性也大一些。佩鲁齐的这个有关教堂中央建筑和教堂中殿的设想源于塞里欧的教堂建筑宣传册，这个设想在这种情况下被提出来，也是符合时宜的。但是，真正付诸建造的很少。直到公元1527年，只有那个在拉斐尔领导下开展的，位于南耳堂后方的半圆形小堂盖到了第二层（图31）。

在公元1527年的罗马之劫之后，新圣·彼得大教堂的整体感觉越来越接近古罗马废墟，就好像是旧教堂有意报复的后果一样。马丁·梵·汉姆斯科尔科（Marten van

图32 马丁·梵·汉姆斯科尔科：从南面眺望圣·彼得大教堂。藏于柏
　　林国立普鲁士基金会的铜版画陈列室，参见汉姆斯科尔科绘画速
　　写本Ⅱ，对开本第51页，右侧。

Heemskerck）于16世纪30年代中期创作的绘画展现了从南
面眺望教堂的局面图，其中包括位于教堂左侧的布拉曼圣
所以及毗邻的高高耸立的十字交叉处穹顶、位于教堂中央
位置的老教堂中殿、以及被围墙围起来的右侧前院、另外
还有钟楼、祈福敞廊（Loggia della Benedizione），它们共同
构成了大教堂西侧的外围建筑。在新教堂的十字交叉处敞
开的穹顶和旧教堂中殿之间出现了一条裂缝，这条裂缝让
老教堂中残留下的那些完美无缺的建筑和重建工程中未完
成的部分之间形成的鲜明落差暴露无遗。

　　汉姆斯科尔科这幅最富表现力的作品选取了从北面眺
望教堂这个观察视角，从而向世人展示了教堂濒临坍塌的

图 33　马丁·梵·汉姆斯科尔科从：北面眺望圣·彼得大教堂。藏于柏林
　　　　国立普鲁士基金会的铜版画陈列室，参见汉姆斯科尔科绘画速写
　　　　本Ⅰ，对开本第 13 页，右侧

危机已经蔓延至教堂的后区；这位观察者就好像在观察一副腐烂的尸体，一副吃力地躺在建筑骷髅之上的尸体（图33）画中，前方右侧的围墙已经坍塌，而位于左侧的十字交叉处墩柱如同一根树墩耸立在半空中，四周的植被随时准备着吞噬这个庞然大物。汉姆斯科尔科将那根位于十字交叉处西北方的墩柱当做一颗大树的支架，这是自然可以战胜人造制品的一个重要标志，仿佛他想为将罗马城比作巴别塔这个新教徒的比喻再增加一些色彩：上帝是如何通过摧毁巴别塔而制止人类亵渎神灵行为的呢？正因如此，圣·彼得大教堂的建造工程才会被更高的权威破坏，而建造的印记只能留在因为自然吞噬而带来的拆毁之中。

4．桑迦洛的木制神像

改建工程的重新启动在开始之时走了一段弯路。教会的强制政策，要求人们重新对教堂进行改建，并且要求在规定时间内完成。这项政策迫使年迈的保罗二世（Paul Ⅱ.，在位时间：公元1534年10月至1549年11月）为教堂建造一座坚固的中央大厅。在公元1536年，安东尼奥·地·桑

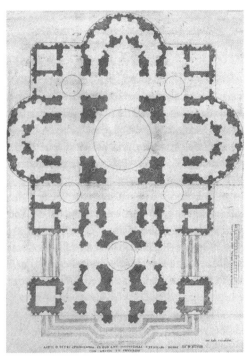

图34　安东尼奥·地·桑迦洛设计的木制模型的平面图，此版画创作于1549年，创作人安东尼奥·萨拉曼卡

74

迦洛任命一位擅长建筑技术的建筑师为改造的唯一负责人。有了这个人，貌似新圣·彼得大教堂的完工将指日可待。

但是，就连名声远在这位以可实现性为建筑目标的建筑师之上的安东尼奥·地·桑迦洛都看到了一些消极的征兆，这些征兆即将引起新一轮的冲突，在此之前不管是布拉曼还是尤利乌斯二世都未能解决这个冲突。桑迦洛被指

图 35　安东尼奥·地·桑迦洛设计的圣·彼得大教堂的木制模型。藏于罗马圣·彼得大教堂中的储藏室内。曾于公元 1995 年陈列于柏林老博物馆（摄影：芭芭拉·赫伦金德）

派来设计一个缩小版的教堂中央建筑。于是，他在1538年左右制作了一个中央大厅和教堂中殿（Richtungsbau）的混合体。在公元1539年和1546年期间，他命令安东尼奥·拉巴克（Antonio Labacco）以及众多助手和手工制作者夜以继日地辛苦工作，最终建造了一个类似于雌雄同体的巨大木制模型（图35）。

木制模型的西侧主要体现了布拉曼的建造计划，当然仅从外观是不可能看到内部陈设的，比如在东侧是否有一个前厅和一条位于两座尖塔之间的祈福敞廊（图34）。这个木制模型的南侧展示了教堂的双极特征（图35）：教堂的中央大厅位于整体建筑的西侧靠左的位置，中央大厅包括十字交叉处的穹顶以及两侧的小穹顶。中央大厅和位于

图36 安东尼奥·拉巴克的版画：安东尼奥·地·桑迦洛的木制模型的北侧外景图。创作于公元1546年

东侧的敞廊之间只有一线之隔，两部分之间那条深深的长廊窄的就像女人纤细的腰身一样。那副由安东尼奥·拉巴克创作的木版画（图36）展示了木制模型的北侧全景，这幅平面图将这座建筑杰作之间那条深深的裂缝暴露得不留痕迹。木制模型的做工精良到连最小的细节都不放过，这完全取决于完成这座模型的决心，它的完美赢得了世人的肯定，直到教皇保罗三世（Paul Ⅲ.）时期依然保持着影响力。

而这个完美模型的代价就是，教堂改建工程的重新动工已经转化成了一座大型的木制神物，即使人们无法按照原有的建设规划进行建造，就像布拉曼的那张羊皮纸设计图一样，原来的设计图至少能作为圣·彼得大教堂改建意志的宣言一样被载入建筑史册。事实也的确如此。桑迦洛的穹顶是一件很特别的艺术品，只可惜这件艺术品仅存于人们的幻想之中。随着时间的推移，这个穹顶逐渐变成了有史以来第一个椭圆形的拱顶，它是力学平衡作用的结果，也是算术设计的结果，总之这个椭圆形的拱顶成为了用算术支撑实践的最早例子。桑迦洛的努力遭到瓦萨利和众多具有人文主义倾向并自诩为高雅艺术家的建筑师们唾弃，他们认为桑迦洛的设计是低水平的、缺乏新意的。然而这座花费了4500库斯多（Scudi）的木制模型，至少可以算作建筑艺术基础研究的起点，在这一点上模型享有很高的地位，即使其建造费用相当于建造一座完整教堂的花费。在欧洲从来没有出现过如同模型大小的建筑工地，它在很长的一段岁月中给那些高水平的建筑师创造了系统化实施建筑研究的机会。如果从美学的角度而言，桑迦洛的设想是一种错误的话，那么需要强调的是，他却为构建一门具有坚实基础的建筑科学做出了突出的贡献。然而桑迦洛的后代极力地保护这份贡献免受各种冷落和鄙视，可见所谓的贡献也是岌岌可危的。

除了这座宏大的木制模型之外，在桑迦洛的带领下，教堂横轴东侧的突出建筑已经延伸至老教堂的中殿位置。随之，这座由新、旧建筑合成的建筑组合体就这样形成了。

图37　乔治·瓦萨利：圣·彼得大教堂的建造主保罗三世。藏于罗马坎塞勒里亚宫殿的百日厅

在公元1538年建造的一堵位于新旧两部分建筑之间的墙，将二者分离，又将它们结为一体。这种状态一直持续至公元1605年（图43）。此后，拉斐尔未完成的教堂南耳堂工程重新动工。在罗马之劫这个重大历史转折点之后，这次重新动工被看做是圣·彼得大教堂改造工程的新一轮奠基仪式的启动。瓦萨利于公元1546年完成的那副藏于坎塞勒里亚宫殿（Cancelleria）的湿壁画描绘了保罗三世穿着旧约圣经中的教皇长袍，他像一位老教堂的革新者一样，右手触摸着桑迦洛制作的设计平面图，而左手则指向正处于建造中的教堂横轴，它与相邻的、位于左侧西面的布拉曼圣所形成强烈的对比。从南面看过去，圣·彼得大教堂面貌焕然一新。

米开朗基罗的策略（1546~1564）

1. 对桑迦洛模型的批判

多亏人们对这段建造历史的继续讽刺，71岁高龄的米开朗基罗在桑迦洛死后，于公元1546年9月26日，或许是同年11月份，接替了圣·彼得大教堂改建工程的总建筑师一职。尽管此前的各种冲突已经昭告天下，桑迦洛的追随者都是他最坚决的反对者。公元1547年1月1日，他接收了任命证书。

人尽皆知的是，米开朗基罗想按照自己的风格重建。但是，没有人料到会出现一件轰动一时的大事件，这源于他在公元1546年11月初带来的一个重大转折点。这对原本已经承载了很多设计改动的新圣·彼得大教堂发展史又增添了一道色彩。从当时圣·彼得大教堂建筑委员会委员们（Deputati della Reverenda Fabbrica di San Pietro）的相关报告中，可以看出一部有关教堂重建大事件的编年史。乔瓦尼·阿贝里诺（Giovanni Arberino）和皮耶罗·得·马西莫（Pietro de' Massimo）将这些报告寄给了当时桑塞波尔克多

（Sansepolcro）的主教，菲利波·阿秦度（Filippo Archinto），于是，在公元1546年11月底，作为建筑领导委员会成员之一的阿秦度主教出发前往特伦托参加大公会议，并期待着获悉这位新上任总建筑师的所有建筑进程。早在公元1546年12月2日的信函中就记录了这桩骇人听闻的事件。当米开朗基罗派人在短期内完成设计图纸之后，他就给桑迦洛木制模型的制作者安东尼奥·拉巴克和桑迦洛的接班人南尼·迪·巴齐奥·比乔（Nanni di Baccio Bigio）发出了免职通知。同时，他还拒绝参加建筑委员会的会议，因为他表示他只对教皇负责。在进一步的报告中，阿秦度认为参与大教堂重建的成员都被米开朗基罗的这种行为"愚弄了"。从而，他导致了几乎所有阶层的反抗。

在报告中，他的措辞体现了两个派别相互沟通的方式。从报告的字里行间清晰可见，米开朗基罗就是一个肆无忌惮的、孤身作战的进攻者。瓦萨利在报告中写道，当米开朗基罗在参观这座历时7年才完成的木制模型时，巧遇了整个"圣伽洛党派"，他们表达了自己的期望，即"这个模型就像一片永远都收割不完的草地一样"。对此，米开朗基罗表示出讥讽式的赞同，即这种期待无疑对于桑迦洛派的建筑师来说是切合实际的，因为"艺术对于他们而言就是对牛弹琴"。

米开朗基罗在和其他人竞争建筑项目时，所表现出来的刻薄言语已经不是第一次了：他曾讽刺地将巴乔奥·达尼奥洛（Baccio d'Agnolo）为圣母百花圣殿（Florentiner Dom）穹顶设计的铁栅栏通道比喻为"关蟋蟀的笼子"（gabbia da grilli），同时他将此人设计的圣·罗伦索修道院（San Lorenzo）正面当做儿童积木（cosa da fanciugli）来耻笑，并以为这两个设计都应该中断才对。

对于圣·彼得大教堂这座建筑体，米开朗基罗只是在做一个混搭艺术信念和个人利益的游戏。他的反应如此敏锐，因为他在这幅"割草图"中看到了一笔巨额利益。桑迦洛的这个木制模型包含了太多文艺复兴时期最著名建筑家们的思想和试验，同时它让许多银行家、建筑工程业主、建筑师、工程师以及工匠的收入、薪俸、名望和事业都陷入付诸东流的危险中。为此，米开朗基罗说了句名言："建筑工地就是商机和钱财，拖延工程进度是聚财的唯一途径。"就连阿斯卡尼奥·康迪维在报告中也提及，当米开朗基罗看到这座木制模型的规模时，他表示，相比教堂改造工程顺利竣工而言，人们更期待世界末日的到来。桑迦洛所设计的圣·彼得教堂面积过大，导致米开朗基罗面临着另一大问题，即教堂总是让人一眼望不到尽头。他试着讥讽这个问题：圣·彼得大教堂连同教堂内那些黑暗的角落已经成为犯罪者的藏匿之地、伪造货币的窝点和强奸犯搞大修女肚子的地方。

米开朗基罗对木制模型持保留意见，大概是始于它的介质（Medium）。在木制建筑结构中，他必须识别模型结构中那个用来固定的力点。而这个拉力与他对建筑作品作为一个完整有机整体这个观点是背道而驰的。如果谁认为木制模型是不可或缺的，他就会马上认为这个人是一个狭隘的学究。而桑迦洛模型上的涂色，在米开朗基罗看来也许象征着，这个模型被阿尔伯蒂的批评充斥着，比如说，"模型中蕴藏着设计者的雄雄野心，他只想迷惑观察者的眼睛，从而人们的注意力可以从需要审查的那部分建筑转移，其目的在于让观察者去赞赏这个杰作"。

在米开朗基罗抨击同时代迂腐建筑师们的笔战中，他是这样为自己的观点辩护的："建筑作品的各个环节就像人体的四肢一样。如果不曾或者现在不是精通人物艺术的人，尤其对解剖学一窍不通的人是无法理解这一点的。"建筑师首先应该是一名雕刻家。米开朗基罗的雕刻风格就像一场场关于建筑素材和建筑使命的、探索性的、坦率的争辩。他的想象力允许他在虚构的建筑设计中梦游，就好像在一块还未抛光的大理石毛块上移动一样。"过程即目的"这句格言对于他而言并非只是一句套话。如果一个作品的完结意味着创作行为的毁灭，那么对于他来说，这个有约束力的模型就会导致"宣告失败"这个结果。那些没有把握住每一个探索阶段的，而只是关注于探索终点的模型着实让米开朗基罗恼怒。这也就可以解释为什么即使他也使用木制模型，但是他更愿意选择能够揉捏的陶土。然而当他在这个宏大的木制模型上花费了3年时间之后，他觉得这个模型至少对于他自己而言更像一个模型的模型，而并非一个固定点，固定即将建造的模型装置。因此，他坚持在一些重大的建筑环节上远离穹顶的木制模型，比如穹顶坐圈旁的窗户，正如他最在乎的就是，刻意向世人隐瞒他的建筑计划，目的是让自己不陷入公众的承诺中。米开朗基罗尽可能地尝试着，让这座模型不仅成为正在建设的，或者已经建成部分的试验品，而且成为一种历史纪念品。因此，他在公元1557年以及公元1558至1561年期间制作了穹顶坐圈的模型，然而在此期间，穹顶坐圈工程也在顺利地开展着。

米开朗基罗对桑迦洛模型外形的批判主要集中在木头的材质上，所选用的木材要求必须是细嫩的枝条。瓦萨利的报道中提到，米开朗基罗"喜欢在公开场合这样说"，"从外表上来看"，桑迦洛的模型"是由许多木头柱子叠加起来的，许多突出部分以及模型中各个部分的混搭让人更能联想到德式的建筑风格，而不是典型古罗马式的或者具有吸引力和外表美观并重的现代建筑手法"。

在米开朗基罗的笔战中，他将长达7年的建筑设计工作成果塞入了圣·彼得大教堂的储藏室中。虽然，桑迦洛通过使用少量的模数使得模型中的墙体组合博得好评，但是这个过程，这个不断叠加的过程更能让人联想到积木玩具，而并非一个立体的建筑物。想必米开朗基罗认为模型对教堂中央大厅、细长的前厅和向外延伸的教堂正面等建筑结构的编排就像一件不协调的立体组合一样。

最终，他引用布拉曼曾经提出的论据来反驳桑迦洛模型：做一个伟大的毁灭家。而这一论据后来正好说明了布拉曼自己的行为。在公元1546/1547年的一封信函中可以看出，他坚信，将桑迦洛模型变成现实建筑物会招致必然的后果："保罗小堂、皮翁博（Piombo）小室、宗教裁判所以及其他建筑都会被拆除；我相信，就连西斯廷礼拜堂也不能幸免。"然而，桑迦洛的工程并没有米开朗基罗想像中那样夸张；不管怎样，这个噩梦证明了一种氛围，在这种氛围的笼罩下，教堂中现存的建筑并不是阻碍建造新楼房的原因。不难猜想，仅仅这一个想像，即西斯廷礼拜堂会遭受损坏，会给他带来怎样的痛苦。在附录中，米开朗基罗还表达了一种担心，即在布拉曼时期建造的所有楼房都会因为将桑迦洛模型付诸实践而全部拆毁："这将是多么大的损失啊！"

2. 优柔寡断的君主

米开朗基罗开始着手实现他所谓的反计划，也就是所有与改建工程有关人员如何开始拆毁旧建筑。因为他想在切合实际的时间内实现精简的改造，所以他马上将全部精力投入穹顶半圆后殿的设计中，他认为半圆后殿的外侧应该环绕着回廊。因此，他的初始工程就是推倒始于拉斐尔，后来由桑迦洛负责的南侧半圆后殿以及变更内部设计（图31和37）。

米开朗基罗心知肚明，这对于改建工程中的工人们是多么大的痛苦，因为他们在桑迦洛的培训下已经成为桑迦洛建筑的拥护者。他从未想过，这些工人们的自卫行动会坚持多久。他们自认为毫无竞争力，因为他们对建筑工地的每一个细节都了如指掌，而且认为有必要展现出建造中最大的亮点。作为改造工程中资深的工作者以及安东尼奥·得·桑迦洛遗作忠实的捍卫者，南尼·迪·巴齐奥·比乔一直到米开朗基罗任命之前都被看做是桑迦洛最合适的接班人。南尼在建筑委员会中占有强势地位。当米开朗基罗表示，不想和任何一个桑迦洛时代的工程负责人合作之后，建筑委员会就尝试着，至少能够让南尼免除被解雇的危险。在公元1547年3月11日，桑迦洛的追随者们恼怒地在保罗三世面前抱怨，米开朗基罗意图缩小桑迦洛的设计，从而将圣·彼得大教堂变成一个小型的圣·皮特利诺（San Pietrino）。尽管如此，仅仅为了更换窗户就耗费了至少10万斯库多。对此，被告在回答时反复强调自己对于改建工程拥有唯一的权威，同时认为南尼就是一个滑头小子（tristarello）。然而，建筑委员会拒绝解雇南尼，对此米开朗基罗用尖酸刻薄的语言公然地在教皇保罗三世那里告状。他说，他在公元1547年5月5日主动约见建筑委员会代表阿贝里诺，让他从下午5点一直等到夜里2点，然后命令他，禁止南尼闯入建筑工地。尽管如此，委员会也没有改变决定，仍然反对解除南尼；最多同意，不让南尼出现在米开朗基罗的视野中。

　　深深受伤的南尼不想再等待合适时机揭发米开朗基罗的错误，因此他立即向世人散布一种说法，即米开朗基罗"对建筑简直一窍不通"，他制造出来的不过是"古怪的玩意儿和儿童玩具"。因此，米开朗基罗对巴乔奥·达尼奥洛设计的佛罗伦萨圣罗伦索修道院的指责，后来却变成了一种回敬，即米开朗基罗创建的所谓精简的新圣·彼得大教堂只不过是"小孩子的玩意儿"（cose da bambini）而已。比起这个侮辱来说，更严重的是南尼的论断，即米开朗基罗想把"新建"变成"摧毁"—— 如果人们能想象得到的话——随之就会出现桑迦洛及其合作伙伴曾经发现并消除过的结果。南尼没有实现他被任命为第一建筑师的目标，但是米开朗基罗也花了7年的时间，才把南尼从圣·彼得大教堂改建工程中驱除出去，然而这种成功对于米开朗基罗而言也只不过是一纸空文。

　　改造工地上的局势因为上述冲突越来越紧张，对立的派别势均力敌，没有哪个派别能够取得决定性的胜利。米开朗基罗在72岁时，才被任命为圣·彼得大教堂的总建筑师，而这个年龄就是反对者们攻击他最有力的论据。反对者们大肆宣扬，米开朗基罗在身心两方面都无法胜任改造这个任务。早在公元1546年的12月，也就是在米开朗基罗拿到任命书之前，阿莱里亚（Aleria）和热那亚（Genua）地区的主教及建筑委员会成员弗朗切斯科·佩拉维西诺

（Francesco Pallavicino）就已经暗示过，米开朗基罗没有能力应付这个使命，因为他太老了："我并不是说，那个米开朗基罗不是个好人，在他的领域中他是世界上独一无二的，但是我们必须考虑到他的年龄，他已经是个老人，按照自然规律，他余下的时间并不充裕。如果他无法把已经开始的改建工程带入正轨的话，那么意味着一切事情又将陷入混乱，反而导致更多的问题和烦恼。"反对者们期盼着米开朗基罗最好不要长命百岁，所以他们在米开朗基罗年龄这个问题上就表现得越发放肆。

由于米开朗基罗顽强的生命力，改建工地的原状维持了7个年头，而在这段时间内，两派斗争已经演化成了一种不同阵营间的对垒，一些局外人也被牵扯进来。在思想分裂的灾难之后，改造工程的完结是否能够代表进一步强大的教皇权威，这一问题使得两派的分歧已经在罗马城以外的世界臭名远扬。这个分歧促成了教会中身居要职者、社会名流、政治家、建筑师和建筑业主们之间结成了长期、有效的联盟。而这个联盟又使得整个改建工程陷入两派之争。而南尼却是整个事件的受益者。米开朗基罗对他不断进行粗暴的驱除成为了他可以被委托其他更多任务的起因。正因为这些建筑任务，他和教会中的许多相关人士建立了紧密的联系，从而他获得了建筑委员会一部分委员的支持。

保罗三世站在米开朗基罗这边，同仇敌忾地对抗着他的对手们。然而这些人却在公元1549年年底，也就是教皇去世之后，又看到了机会。为了获取证据，建筑委员会收回了米开朗基罗手里所有工地的钥匙。新上任的教皇尤利乌斯三世（Julius Ⅲ., 在位时间：公元1550年2月至1555年3月）在就职后不久便恼羞成怒地要求他们当面交还钥匙，并命令按照米开朗基罗的设计继续进行改造工程。保罗三世暗讽人们对米开朗基罗年龄的抱怨，他说，如果米开朗基罗不可能负责这个工程的话，那么我们可以在他的尸体上涂防腐剂。建筑委员们继续追求他们的目标，并且在公元1552年年初的一份呈文中打出圣·彼得大教堂发展史这张独一无二的皇牌：对刻意毁坏的谴责。根据第一份呈文中的记录，那笔由米开朗基罗支配的建筑金额高达122 000杜卡特，其中拆除费用远远高于重建费用。而在第二次呈文中，反对派表示，经重新核算后得出米开朗基罗可支配金额为136 881杜卡特。同样，第二次攻击还是无果而终，但是却再一次深刻地证明了，米开朗基罗的反对者们有勇气进行反抗的艰难和诚恳。

　　对于反对派而言，这位刻薄的、固执的白发老人的出现是不堪忍受的，尤其是当这位将近90岁老人的体力日益减弱之时，鉴于这种情况他需要随时给出新的理由来证明他的体力足以应付这项任务。公元1557年4~8月期间，南小堂拱顶由于一位施工负责人的疏忽而必须拆除，而这位承包人塞巴斯蒂安诺·马勒诺提（Sebastiano Malenotti）是米开朗基罗非常器重的人才，无论是专业上还是为人方面。这个疏忽对于米开朗基罗来说就意味着一次重大的挫败，尽管这个损失在公元1558年6月已经完全弥补上。更因为马勒诺提在犯错后就立即被开除，为此他在佛罗伦萨中伤米开朗基罗，目的是拉他下水。因此，他总有一种感觉，即他总是害怕总建筑师的权力从手中溜走。

正是这个原因，米开朗基罗开始怀疑自己，尤其是当举荐他所信任的人来接手他的工作这件事情变得无比艰难而最终只取得部分成果之后，这种自我怀疑就加深了。桑迦洛的追随者们懂得通过建筑委员会来阻挠米开朗基罗中意的人作他的接班人。特别是当南小堂的拱顶倒塌之后，米开朗基罗想安排自己人去填补空缺的难度就愈来愈大了。

就在米开朗基罗即将走到人生终点的时刻，最轰动的破坏行动发生了，而这一事件的核心人物就是南尼·迪·巴乔奥·比乔（Nanni di Baccio Bigio）。早在公元1562年年初，他就开始暗中向科西莫一世·德·美第奇（Cosimo I. de' Medici）求助，求他推举自己成为第一建筑师。这位公爵虽然答应了他的请求，但是同时表示在米开朗基罗有生之年不会做任何改变。然而，在公元1563年的8月，南尼的机会到了。一位米开朗基罗的亲密战友凯撒·贝蒂尼（Cesare Bettini）在圣伯多禄广场（Petersplatz）上被弗利（Forli）地区主教的厨师谋杀，刚好被南尼逮个正着，当场捕获了这位厨师和他的妻子。米开朗基罗不仅没能如愿地将自己举荐的人推上建筑主管的位置，取而代之的却是一位曾经遭到他断然拒绝过的同仁，同时南尼顺利成为建筑委员会的顾问。此后不久，南尼便采取了一系列未经授权的措施。

米开朗基罗深知，南尼接下来在建筑工地所做的每一件事情都是为了削他的权。因此，他向庇护四世（Pius Ⅳ，在位时间公元1559年12月至1565年12月）提出引退的想法。如瓦萨利研究中生动的描述，南尼在此后不久并没有在责骂和羞辱声中被开除，只是重新远离了米开朗基罗的视线。此事件再次揭露一个事实，即面对时日不多的米开朗基罗，反对派们千方百计地让那些候选人们竞争接班人的岗位。

所有的既成事实都表明了，米开朗基罗创造的圣·彼得大教堂是与桑迦洛派进行异常严酷和坚韧斗争的产物。在他当权期间，米开朗基罗被迫绞尽脑汁地想出各种计谋来实现自己的目标，其中许多计策并非这位建筑师的保留节目，而只是他情急之下的缓兵之计而已。而他自我武装的第一招就引起了轰动，即放弃。表面上，米开朗基罗将所有的个人利益排除在改建工程之外。他曾经表示过，不计较报酬，他所做的一切都是为了上帝。虽然这个解释被证实只是一个狡猾的自我呈现，因为在他当任初期，也就是公元1547年1月1日，他从其他渠道获得的收入是他前任桑迦洛的两倍，但是谎言却很奏效，尤其当保罗三世在完全知晓这个幌子效果的情况下，支持这个说法。在公元1549年10月的一份教皇通谕（breve）中，他说，相比前几位建筑师的设计，他更喜欢米开朗基罗的模型，因为他不是出于金钱的原因，仅仅凭着对一份崇高的虔诚将自己奉献给了改造工程。这个传说让米开朗基罗拥有了一副灵丹妙药，在关键问题上，他总是能因此而偏离批评炮弹的发射轨道。

第二招就是更改术语表。米开朗基罗早年在佛罗伦萨之时就开始撰写建筑史，当时伴随他的只有劳伦图书馆（Biblioteca Laurenziana）、圣·罗伦索修道院的更衣室以及城中堡垒。那时候他总是喜欢用谦卑的言辞来炫耀自己："建筑并不是我个人的艺术。"起初他扬言自己并非想做专职建筑师，其目的在于堵住桑迦洛党羽的口。自公元1548年开始，他非常忌讳别人称呼他为雕塑家。一般来说，在书面表达中，经常用"雕塑家"来称呼他。在公元1548年5月的一封信件中，他请求别人"不要再给'雕塑家'米开朗基罗"写信了，"因为我只作为米开朗基罗·博那罗蒂（Michelangelo Buonarotti）而被人熟知"。如果有人们让别人称呼自己为画家或者雕塑家的话，证明他希望得到一份赚钱的活儿；但是，米开朗基罗在做事的时候从未想过赚钱的事儿。在这个说法的背后，不但隐藏着一种骄傲，即他对圣·彼得大教堂重建工程总建筑师这个职位的骄傲，同时还证明了那个传言，即他对这份事业的虔诚是不求回报的。后来，建筑这门艺术独立出来。只要他看到写给他的信封上写着"艺术家"三个字，他就很满足；后来，他的朋友，传纪作家阿萨尼奥·柯迪维称呼他为"世上独一无二的画家、雕塑家和建筑师"，而蒂贝利奥·卡加尼（Tiberio Calcagin）则称他为"出色的雕塑家和建筑师"。

第三步就是澄清他的权限和劳动法中规定的职位。他总是用一种不妥协、讽刺的、很伤人的方式让周围人知道，这些人对于米开朗基罗而言只不过是他思想和行为的共鸣板。因此，他总是让大家吃惊。在他刚刚接手这份工作时，几乎每天都会从他位于图拉真广场（Macel de'Corvi）旁的特拉扬古市场（Trajansforum）高处的房子和工作室那里鸟瞰圣·彼得大教堂的建筑工地。但是随着年岁渐高，他对建筑工地的查看也不再那么频繁，而是定期吩咐自己的亲信向建筑工人和建筑委员会递交最新的相关资讯和文件。由此，在米开朗基罗和他的敌人之间产生了一道裂缝，这条裂缝时而会出现在他和他的友人之间，它让米开朗基罗在他们面前显得无能，无法胜任这份使命。早在他接手这份工作之前，他就在建筑委员会委员面前透露过，他可以和教皇讨论交流问题，而他们只能在教皇面前陈述报告。在公元1547年的1月，他派他新雇佣的副手，西班牙人吉安·巴蒂斯塔·德·阿尔弗西斯（Gian Battista de Alfonsis）代替他在建筑委员会面前强调他的立场：委员会不仅要服从他的要求，而且没有权利知道他的计划。通过陈述报告，他们可以了解一切情况。建筑委员会的一些成员感到这个西班牙人的出现是一种僭越职权的表现，因此打发走他，目的是让他回到他应该呆的地方——工地。这也是他反复进行汇报的原因。

这种情况一直延续到米开朗基罗离任之前。建筑委员会主席马塞洛·塞尔维尼（Marcello Cervini）枢机主教提出异议，抱怨米开朗基罗对新添的三扇窗户丝毫没有透露。根据瓦萨利的记载，米开朗基罗认为没有必要对此进行回应，因为这属于他职权范围之内的事，理所应当不需要其他人知晓："我没有责任，也不愿意承担责任去告诉您教皇陛下或者其他某人，我必须做什么或者我打算做什么。您的职责是筹措资金以及防范资金被盗；至于建筑工地的事务则是我要操心的事情。"

对于局外人而言，米开朗基罗这种令人极度诧异的行为是急中生智，因为哪怕是最微小的弱点他也不愿意暴露在外人面前，同时他不想把时间浪费在那些棘手的争论上。至于米开朗基罗的行为以及他的主动拒绝是否就不再浪费时间，而是赢得了更多的时间，这是个毫无意义的问题；他的年龄和性格不容他做选择。没有人能比教皇保罗三世看得更透，面对那些无休止的反对，他授予米开朗基罗全权来改造教堂，而这个优待是史无前例、后无来者的。

从那篇撰写于公元1549年10月的长达好几页的文章中可以看出，米开朗基罗和教皇走得很近，米开朗基罗的模型比之前那些有经验的建筑师的作品要先进，正是这个原因，教皇认可并支持米开朗基罗的模型。而对于桑迦洛的追随者们如同当头棒喝的就是，教皇保罗三世给予米开朗基罗特权，即他的措施不需要经过建筑委员会成员和任何当权者的批准。教皇保罗三世再三强调给予他的权力，也就是说，为了实现他预设的目标，在必要情况下，他可以拆除现存的任何一座建筑物。米开朗基罗制作的圣·彼得大教堂模型及其外形"根本不需要被改变或者重新设计，因为它根本不允许被改变或重新设计"。类似的话早在15世纪就有人说过，只是改造委托人自己都听命于这位艺术家的摆布，倒是第一次。

公元1552年1月23日，保罗三世的接班人在面对对米开朗基罗接连不断的抨击时，强调米开朗基罗在改造圣·彼得大教堂中的地位以及他的模型是多么的神圣不可侵犯。在其之后的几任教皇对他的评价也是如此。社会舆论对米开朗基罗模型的评论在反对者和追随者之间摇摆，这种摇摆最终导致了"艺术家主权"，这个独一无二表达的出现，它提前给予国家政权的绝对使命有力的一击。

3．另一方案

站在桑迦洛的对立面上，米开朗基罗将中央大厅视做改造的起点，尤其是当他知道教皇保罗三世倾向于建造一个更加坚固，但同时成本更低的中央大厅之时。就像埃蒂安·杜贝拉克（Etienne Dupérac）于公元1569年创作的平面图上记载的一样（图38），桑迦洛版本中教堂翼部（Querschiff）后小堂的内墙变成了外墙，因为米开朗基罗已经拆除了外围回廊的墙壁。这样一来，在教堂的主体部分和翼部出现了4个十字架形状的突出体，围绕在中央大厅的周围。保留下来的只有穹顶墩柱的外围回廊，这个回廊呈四方形，宽度与教堂甬道相当。回廊前方很空旷，因此在回廊外部侧墙的衬托下，形成了四个穹顶。这种设计让教堂的中心区域明亮宽敞，让人联想到教会统一的基本宗旨。而桑迦洛的建筑风格给人较为暗淡的感觉，是一种蒙昧主义的建筑风格，相比之下，米开朗基罗的设计却能让一束

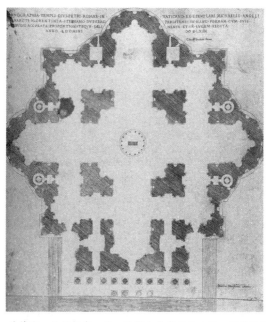

图 38　埃蒂安·杜贝拉克：圣·彼得大教堂的平面图，经雕刻和蚀刻，
　　　　创作于 1569 年。藏于柏林国立普鲁士基金会的铜版画陈列室，第
　　　　646-113 号

图 39　圣·彼得大教堂的西侧

束明亮的阳光照进教堂，象征着教会的开明主义。

怀着相同的目标，米开朗基罗将桑迦洛的三层半建筑变成了一座庞大的单一式建筑。从西侧鸟瞰圣·彼得大教堂（图39）可以看到，他是多么顺利地将桑迦洛许多细小的建筑理念简化为一根根高大的半露柱，半露柱镶嵌在外墙上，和它融为一体。为此，他借用了布拉曼圣所中那些超长的多里克式壁柱（图26）。然而，这种壁柱却被桑迦洛批判为脱离建筑规范。讽刺的是，他将布拉曼的权宜之计当做是衡量其针对桑迦洛的解决方法，而中止这个权宜之计的人就是他自己。

在半露柱之间，他设计了两座存放圣体的圣体龛，圣体龛上镶有平拱形和三角形的楣饰。相比之下，细长的雕饰条纹勾勒出两座壁龛、一扇窗户，以及一扇矩形虚窗，这种设计溯源于布拉曼东圣所外墙半露柱之间的5座壁龛。各个建筑环节的垂直发展是无法通过水平线得到制止的，然而却因为装饰矮墙（Attika）而缓和式地加强，虽然装饰矮墙不算是真正的半露柱，但建造于横线脚之上，因此造成了这种效果。

与此同时，米开朗基罗开始处理桑迦洛设计的穹顶。桑迦洛的理念是，穹顶是由一系列拱廊叠加而成的。除了对穹顶的构造进行剖析之外，米开朗基罗的处理方式存在一个缺陷，即穹顶的拱形结构不见了，即使为了增加弧线的鲜明度，而设计两个面对面的、一模一样的椭圆形，也无法弥补这个缺陷。

与其他建筑细节不同的是，桑迦洛版穹顶与米开朗基罗对建筑的理解大相径庭。在经历过许多曲折之后，米开朗基罗又回归到了布拉曼理念上（图23）。布拉曼在公元1505年建造的尤利乌斯墓穴阻碍着米开朗基罗的改造工程，因此他的一生被蒙上了羞辱，与此相比，米开朗基罗的闪避手法显示了独立自主的建筑风格。即使他利用布拉曼来打击那位更强势的对手桑迦洛，他的回头路却给自己带来

图 40　米开朗基罗、贾科莫·德拉·博尔塔和易吉·范维特尔共同创作
　　　的圣·彼得大教堂穹顶木制模型（含穹顶坐圈在内）。藏于梵蒂
　　　冈的圣·彼得大教堂维修部

了棘手的问题。在一封写于公元1546~1547年的信件中，字里行间流露出对布拉曼勉强的、带有多重否定的肯定，这其实反映了他内心的冲突："总而言之，不可否认的是，布拉曼在建筑学上并不是无能的，他至少比自古至今任何其他人都要强。"而桑迦洛对布拉曼其他方面的赞赏当作一种负面的映衬："他设计了圣·彼得大教堂改造工程的第一张图纸，图纸并非充满迷惑性，而是简单明了的、一目了然的。其设计图纸中的空白部分表明了，他不愿意以任何一种方式来诋毁'梵蒂冈的'圣殿。它是世间美好的事物，这也印证了那些对上述布拉曼理念进行反对的人们，如桑迦洛，歪曲了事实。"

米开朗基罗与这个特征鲜明的事实的交往主要体现于公元1558~1561年期间建造的木制模型。尽管对于这样的固定模型，他有一万个不愿意，然而在反对派的压力下他命人建造了一个木制模型，其目的是给反对者留有丝毫诠释的空间。从这个流传下来的模型（图40）可以看出，与布拉曼的设计图相比，尽管二者存在一些相似点，但是其间的差距是巨大的：在布拉曼的设计图中，穹顶坐圈是由一组柱墙组成的，而米开朗基罗将这些圆柱有规律地两两排放着，每隔一对圆柱设计了一扇三角楣饰的窗户。在圆柱和窗户的上方，装饰矮墙稍微向里退后一些，人们可以看到一组带有花环雕饰的矩形设计。他借用佛罗伦萨圣母大教堂的设计方案，用交叉拱来固定穹屋拱顶，交叉拱可以将其压力从装饰矮墙那里转移到坐圈圆柱上。同样的道理也体现在塔式天窗的设计上：灯柱所承载的重量途径螺旋装饰转移到了两两一组的灯塔圆柱上。不管是水平线上，还是垂直线上，米开朗基罗的穹顶设计都十分有规律，但是他并没有牺牲布拉曼设计中作为主心骨的穹顶。与圣·加洛斯多葛派相加原则相反的是，米开朗基罗设计了一个充满张力的有机整体。瓦萨利支持建筑重心为"质"的理念，当他发现米开朗基罗的设计与桑迦洛版本相比，虽然在"量"上稍逊一筹，但是在"质"上却略胜一筹。就连瓦萨利也在相关后记中为米开朗基罗的建筑理念以及他的论战说话："最终教皇同意了米开朗基罗创作的模型，它使得改建后的圣·彼得大教堂重新以一种小巧华丽的风格展示在世人面前，从而满足了所有具有判断能力的人们的要求。而在那些假冒的行家眼中，它无疑是不合时宜的。"

4．模型的规范化

瓦萨利提及的那些反对米开朗基罗的人们不放弃任何机会，让世人记住还有其他可以选择的版本。在米开朗基罗被任命为改建工程总建筑师那年，人们用一幅华丽的版画记录下了桑迦洛设计的教堂正面图，几年之后，又出现了桑迦洛式教堂侧面和纵剖面的版画，因此，随着公元1549年建筑平面图（图34）的问世，一系列宣传被摒弃的建筑设计作品也问世了，其中包括拉巴克的木制模型。

米开朗基罗对圣·彼得大教堂的建筑师记忆犹新，他清楚更改每一次建筑计划都会让整个教堂建筑倒退好几年乃至数十年。为了让人们忘却桑迦洛模型，他竭尽全力地保护自己的设计图纸。当保罗三世在公元1549年10月11日完全放手让他负责大教堂重建工程之时，一项法令公之于世（如上述提到过的）："米开朗基罗所创造和赋予的一切，包括所有设计，不管是建筑模型还是建筑外形，以及建筑工地和建筑环境，都不容有任何的改变、更新或者变更。"

有了这一法令作为背后支持，米开朗基罗让客观事实去决定，到底是继续按照他的模式改造，还是彻底摧毁圣·彼得大教堂。在公元1554年9月，他拒绝了瓦萨利希望他重回佛罗伦萨的请求。理由是，他的离去"会加速圣·彼得大教堂的改造工程将教堂变为废墟的速度，因此离开罗马也是耻辱和罪孽"。此后，他两次写信给瓦萨利，重复了他的想法，表示如果他离开，改建工程就会变成一座大废墟（gran ruina）；因此，他必须一直守着工地，"直到工地不再会被改变为另外一个版本为止"。

另外，米开朗基罗需要一个托辞，从而可以拒绝回到那个在政治上疏远他的城市 —— 佛罗伦萨，因为这个城市让他的许多朋友们陷入流放的境地，尽管科西莫一世·德·美第奇一直想让他回去。与他坚毅的言辞相反，当他被现实情况逼于无奈之时，在实际行动上，他却毅然离开了罗马。在公元1556年夏末，一场新的"洗劫罗马"即将来临，米开朗基罗和许多罗马人一样错误地认为自己身陷囹圄，所以离开了建筑工地，其托辞是途径斯波莱托（Spoleto），然后徒步去洛雷托（Loreto）朝圣。6个月之后，有人发现了他的行踪，于是教皇召回他，他也只好重回罗马。

米开朗基罗被召回罗马之后，当他看到改建工地的一切，他坚定了创造事实的信念。在公元1557年2月，他让侄子里昂纳多（Leonardo）告诉科西莫一世·德·美第奇：只有当圣·彼得大教堂的新建工程"不再受到其他计划的干扰"，他才会离开佛罗伦萨。因为如果他这个时候让步的话，那么这种"嫉妒"就会让他一无所有。这一预言绝不是一首隐喻式的挽歌。在公元1557年5月，他强调，他离开罗马"会让许多江洋大盗偷偷大笑，这也是教堂坍塌的缘故，也许应该让改建工程永远都是一种封闭式的建筑工程"。

毋庸置疑，这里所指的盗贼其实就是那些桑迦洛党派分子，他们通过买卖劣质建筑材料牟取利益。早在公元1547年，米开朗基罗就曾经对建筑委员会委员发起过堪称最尖锐之一的攻击，其理由是，他们进行诓骗掠夺等勾当，目的是高价出售劣质建筑材料，通过滥用职权中饱私囊。瓦萨利在他第一封邀请信中就一并将桑迦洛模型的支持者们比喻为"盗贼"。他认为，米开朗基罗返回佛罗伦萨是当之无愧的，因为他"将圣·彼得大教堂从盗贼和杀人犯的手中解放出来，因为他减少了建筑工地那些不完美的地方，从而让重建尽善尽美"。在公元1557年7月的一封信中，米开朗基罗再一次表达了对那些"盗贼们",即对桑迦洛同党的恐惧,尽管这种恐惧尽人皆知,其目的是想把这种恐惧当做是他不能重返佛罗伦萨的原因,"在我不能确保改建工程不被破坏和我的设计不被更改之前,谁也没有资格去掠夺并且获得重返的机会,就像那些盗贼所做的和期望去做的一样"。在教皇保罗三世死后,因为盗窃事件连连发生,他自费雇佣守夜人守卫工地。

显然,在米开朗基罗看来,外力干涉其改造计划和措施的危险是无法祛除的,因为一直有人破坏他的建筑理念,加上建筑材料失窃事件从未停止过,所以这个危险直至他去世之时,也就是公元1564年2月也不会消失。因此,他再也没有离开过罗马。

米开朗基罗的建造和拆除（1548~1593）

1. 作为预防式保护建造

米开朗基罗很清楚，摆在他面前的是一把双刃剑，他不仅要完成改造工程，还要击退同时代和未来的竞争者。这两方面体现在后来的建筑措施中，但是由于忽视了双重战略之间的关系协调，建筑措施过于跳跃、混乱。

然而，当人们亲眼目睹重建工地之后，会得出结论：米开朗基罗开工的多，完工的少，原因很明显，就在于毫无章法。公元1549年开始建造南小堂，公元1558年完工；之后北小堂的建造就停滞了。北小堂的建造始于公元1555年，但是之后毫无进展，直至米开朗基罗去世之时也未完工。自公元1560年始，一直处于开工状态的是位于教堂横轴突出部分的四小礼拜堂（Nebenkapelle）。直到米开朗基罗生命的终结，只有位于东北角的格列高利礼拜堂（Capella Gregoriana）按计划完成，这样的话，礼拜堂的结构及其和北小堂的关系也就确定了。同时，其他小礼拜堂的位置也从北侧和南耳堂一侧移至十字交叉处。为了建造一个直径为40米的大型穹顶，公元1547~1549年，米开朗基罗在内斗拱上加置了一个环形物，作为穹顶的基础。之后，公元1554~1557年，以及公元1561~1564年（公元1558~1561年为工程中断期），人们建造了穹顶圆柱并对拱顶建造做好了准备工作。

此后，米开朗基罗的建造次序不再系统化地遵循从南至北或者从下往上的规律，而是从一些显著的建筑点开始：如教堂南侧、东北侧和建筑高度。如果人们认为这些是为了专门针对反对派而想出的对策，那么对策本身就已经丧失了表面权威。米开朗基罗从这些具有决定性意义的建筑元素中，如穹顶、教堂横轴突出部分（Kreuzarm）以及4座小礼拜堂，分别挑选出了一个范例，力求通过它们来影响其他附属的建筑元素。因为他知道，在他余下的生命中不可能完成整个改建工程，因此他把主要精力放在如何让他的接班人能够一直处于已经建造好的、具有示范意义的建筑元素的体系约束之下，以及创造一切可能让偏离目标变成不可能。瓦萨利一针见血地指出，根据建筑战略选择的地点和方式，米开朗基罗只有一个目标，即迫使所有人坚定他的建筑理念。在所有的建筑细节上，他都极其小心地从"必须更改的建筑结构上"开始，"只有这样，建筑体本身才能坚固地存在下去"。除了选择建筑地点之外，改建工程的方式也必须服从整体的建筑目标，即"他再也不会被其他人改变。这里涉及一个有远见的智者的防护措施，因为单单做到最好是远远不够的，如果人们不去保护它的话"。

2. 死后的保卫

米开朗基罗的行事逻辑是：谁妨碍他，反对他，就狠狠地对付谁。他对反对派的恐惧到底在多大程度上是有根有据的，可以从下面这个事实推断出：在他死后，其他人分担了他的担忧。根据瓦萨利的记载，圣庇护四世（Pius Ⅳ., 在位时间：公元1559年12月至1565年12月）在米开朗基罗去世之后颁布过一道命令："凡是米开朗基罗的命令都不容反对。"他的接班人圣庇护五世（Pius V., 在位时间：公元1566年1月至1572年5月）将这道命令的权威进一步发扬光大并且规定："为了避免出现混乱，人们必须一笔一划地按照米开朗基罗创作的设计图纸行事。"为了检验这道命令的执行情况，圣庇护五世将瓦萨利召回罗马。在多封信函中他都强调过，他被委派了一项任务："去亲历，人们是如何重视米开朗基罗的整个改造事业的。"在他的生平（Viten）中，他毫不掩饰教皇也被他拉入这个任务的骄傲，他请求教皇"不要对博那罗蒂（Bounartti）的建筑进行任何更改"。瓦萨利最后还记载了他应教皇的口头命令和主教兼建筑监督部门的领导费兰蒂诺（Ferratino）进行商谈。在商谈中，他请求主教，一定注意不要对米开朗基罗的任何建筑计划进行变动。费兰蒂诺也明确表示："凡是米开朗基罗遗留下来的任何指示和计划我都会尊重，也会让其他

107

人尊重；我是这位伟大人物所有心血的守护人、辩护人和保护人。"

在米开朗基罗去世之后，可能没有哪件事情比南尼·迪·巴齐奥·比乔的经历更具特色。他让自己卷入了自己设下的圈套当中：就连他也许诺一定会遵循米开朗基罗的建筑模型。在米开朗基罗去世之后，当他最后一次争取做重建工程的委派总建筑师之时，他用一种客套话来表达对米开朗基罗穹顶设计的批评，即他的模型是不容触犯的。科西莫一世·德·美第奇写信强迫他在米开朗基罗面前再次深鞠一躬。后来，他在给佛罗伦萨驻罗马公使的信函中附加了自己的一封信。给公使写信的初衷是告知米开朗基罗去世的噩耗，而附加信函是为了提醒这位公使那个玩笑似的承诺，即他会全力以赴扶持自己做圣·彼得大教堂重建工程的新建筑师。这封信直截了当地袒露了他内心这种近乎病态的野心，科西莫一世·德·美第奇也为此作出了很特别的答复，即他会在来自美第奇家族的教皇面前尽量帮南尼说话，前提是他愿意全心全意地、"不作任何更改地"投入到米开朗基罗未完成的事业中来。对此，南尼有意在回应中不回避这个问题，即他会像米开朗基罗那样不求回报地做好本职工作。其目的是，告知世人，他将是圣·彼得大教堂改造历史上第一位建筑师，第一位坚决不清除不更改已故大师米开朗基罗任何创造的建筑师，第一位将竭尽全力去"强化和继承"前辈未完成事业的建筑师。

南尼的表态显得有些虚情假意，它象征着一个拐点，一个从对一种不稳定幻想的扭曲呈现到对一个稳定的、简化版孤本的捍卫。在此之前，前人创造的建筑模型对后人能力来说是一种挑战，然而如今个人能力的衡量标准却表现在，人们如何证明自己对前人模式的忠诚上。

作为建筑师理当拥有对整个建筑工程统领的主权，这是习以为常的事情。而在这里他们只能无条件服从设计好了的建筑理念。鉴于建筑师所拥有的有限主权是他们不断更改建筑计划的原因之一，米开朗基罗过分抬高建筑计划的地位，使其享有早期绝对主义的特权，目的在于从这个绝对高度俯视下去，他的继承者们只能变成他模型的奴仆。对于这种一次性思想的坚持其实与米开朗基罗内心最深处的信念是背道而驰的，就像人们看到的那样，其实建筑就是雕塑的过程。他将这种在细节上偏离自己模型的自由据为己有。为了顾全大局，他不允许其他建筑师灵活对待他的模型。米开朗基罗的模型是神圣不可侵犯的，后来的建筑师们为此付出了损害自己地位的代价。在必须遵循米开朗基罗预设指标的约束下，他们在建筑的最后一个阶段缺少一个支柱、一个捍卫这些指标的支柱。

3. 装饰矮墙（Attika）和附属穹顶的建造和拆除

那些没有裂开的保护主义措施链反映了米开朗基罗的反对派坚持不懈的反抗。他的担忧在他死后马上应验，尤其在皮罗·利戈里奥（Pirro Ligorio）于公元1564年8月被确定为接班人之后。众所周知，皮罗属于被公开承认的米开朗基罗的反对者之一。但是，他不单单为圣庇护四世改造了布拉曼的美景宫庭院，还为他建造了梵蒂冈花园中的别墅。因此，他注定是圣·彼得大教堂改造工程的首席建筑师。此外，他被看作是折中的候选人。关于米开朗基罗接班人这个问题争论了8个月之后，他被认为是最合适的，因为这样既可以防止南尼·迪·巴齐奥·比乔抢位，又可以安抚桑迦洛党羽。如果瓦萨利认为米开朗基罗在弥留之际还遭人迫害和诽谤的话，那么当事人除了南尼·迪·巴齐奥·比乔和古列尔莫·德拉·波尔塔（Guglielmo della Porta）两位之外，想必还有利戈里奥。瓦萨利还认为，利戈里奥将米开朗基罗的状态称作为"第二童年"，也就是虽老态龙钟却不失童真。当瓦萨利于公元1567年3月在罗马听闻，圣庇护五世解雇了利戈里奥，取而代之的是贾科莫·维尼奥拉（Jacopo Barozzi Vignola），内心的喜悦油然而生。在他的生平中，他曾明确地解释过："皮罗，这个自负的家伙，居然想替换和改变（米开朗基罗的）设计，所以理应被赶出局。"

利戈里奥大概是在公元1566~1567年之间被开除了的，但是他具体在米开朗基罗模型的哪个细节上做了手脚，瓦萨利没有交代过。通过一个小理论可以论证，改动之处涉及北耳堂半圆形后殿的装饰矮墙。米开朗基罗将南

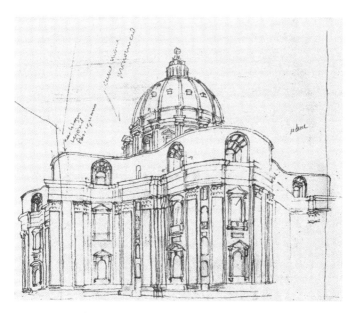

图 41　米开朗基罗设计的圣·彼得大教堂以及装饰矮墙（由 H.A. 米隆和
　　　　C.H. 斯密斯，于公元 1988 年修复）

耳堂上方的装饰矮墙设计为一块纯粹的墙面，然后在墙面上打出方格形的、无边框的通道。这种设计说明，米开朗基罗采纳了布拉曼表现穹顶墩柱设计上的结构原则。这张修复后的设计图纸使人预想到，如果整座建筑物都被这样一面只有一些通道的墙包围的话，那会有什么样的效果。这面墙就如一条坚实的飘带镶嵌在庞大的底层建筑和穹顶建筑之间，正因为它的存在，整座建筑物无论在水平线还是在垂直线上都是一件发挥到淋漓尽致的艺术品。通道的上方架设着半圆形拱顶，这样一来，底层建筑上那些开口朝上的壁龛式门窗和窗户的整体立体感就增强了。而这面没有修饰的墙壁构建了一个区域，穹顶就好像一个孤独的建筑元素漂浮在上面。与教堂建筑横轴作为整个建筑物的地基相比，这种独立式的立体感正好是布拉曼所期待的。

南耳堂的装饰矮墙缺少了宏大穹顶的陪伴，在今天看来就像是超前想到了现代派的主打颜色：裸白色，然而在当时却被人唾弃。而皮罗大概在公元1566年4~12月期间垒高了北耳堂的装饰矮墙，并将底层建筑墙面上的柱条继续向后挪，这样一来，位于穹顶和底层建筑之间的缓冲建筑的独立感相应地减弱了。装饰矮墙上的壁龛式门窗以及方形窗户也缓和了矮墙的垂直感。尽管窗户的样式很稀奇，因为窗户的上端封口处嵌入了贝壳式的装饰物，然而矮墙的整体感觉还是很传统的。有了装饰矮墙，整座建筑物的特质也发生了变化。皮罗因为不遵守米开朗基罗的模型而招致被解雇的后果，很显然这是北耳堂上方装饰矮墙惹的祸。

皮罗铤而走险的动机在于，他的脑海中时常会浮现出一幅由破坏和改变合成的画面。其实这种混合画面也曾经出现在米开朗基罗及其前人们的头脑中。皮罗早在圣庇护四世在位时期，干涉过布拉曼建造的美景宫庭院，他在庭院狭窄的南侧增加了一个半圆形的石质戏台。同时，皮罗为了建造一座巨大的"壁龛"，把位于戏台对面，也就是雕塑园前方的敞廊拆除了，这个敞廊是布拉曼时期建造的，曾经被米开朗基罗改建过。这些都只能算是他的前奏。此后，他尝试着杀杀布拉曼和米开朗基罗的傲气，尤其是当他知道米开朗基罗的反对派们都站在他这边，而且从圣·彼得大教堂的历史来看，他的行为也是值得支持的。

认为皮罗经常自作主张这个命题很有说服力，然而它也暴露了一个弱点，即那张藏于法国里尔的米开朗基罗设计图纸上描绘了北耳堂装饰矮墙的轮廓。虽然这个轮廓图看上去很坚实，但是人们并没有认为这是为圣·彼得大教堂设计的，而只是一座城门的设计图。装饰矮墙在当时被看做是建筑试验品。也许，这张草图展示了米开朗基罗在当时设计北矮墙的心路历程。

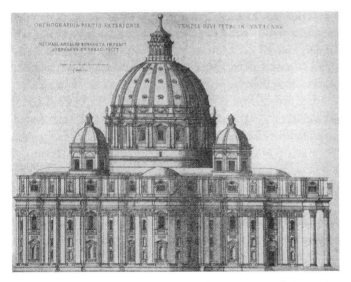

图42 埃蒂安·杜贝拉克：圣·彼得大教堂的正面图，经雕刻和蚀刻，创作于公元1569年。

如果把装饰矮墙的新形式当做是米开朗基罗的功劳，那么就证明了他曾因为审美改变而忍痛割爱，即他牺牲了一项基本原则：自己的设计神圣不可侵犯。而这一基本原

图43 埃蒂安·杜贝拉克：公元1577年的罗马城规划图，铜版画（截图）

则是他拯救圣·彼得大教堂的金钥匙。对于米开朗基罗而言，建筑材料的可变换性是内心最深处的动力，同时他在当时的一场圣像破坏运动中打碎了他的遗作《隆达尼尼的圣殇》（Pietà Rondanini），这座被摧毁的雕塑已经到达了抽象的极限。因此，有理由相信米开朗基罗是可以做到这一点的。为了屈从于自己最初的设计，他将自己的建造策略划掉，例如干涉所有与造型相关的建筑过程。

令人难忘的一件事就是：在皮罗运用米开朗基罗的设计草图之时，他曲解了米开朗基罗的意思，从而缓和了南矮墙"恐怖空间"（Horror vacui）的效果，将米开朗基罗置于搬起石头砸自己脚的地步。两种可能性都加强了圣·彼得大教堂建筑史的毁灭性原则。因为曾经建造的另一种形式的矮墙纵容了两种可能性的出现：不是毁灭新建造的，就是拆除前任建造的。

第二种可能性出现了。建筑委员会面临一个两难抉择，委员会似乎只能通过对圣·彼得大教堂形象在心灵上的感应，才能从这个困境中解脱出来。也许，在公元1569年，皮罗的接班人维尼奥拉（Vignola）命令雕刻师埃蒂安·杜贝拉克创作一幅圣·彼得大教堂的正面图，正面图中的北矮墙围绕着整座建筑物（图42）。通过这张举世瞩目的版画，米开朗基罗被视作装饰矮墙的发明者："米开朗基罗·博那罗蒂之创造"（"MICHEL·ANGELVS·BONAROTA·INVENIT"）。因此，建筑委员会确认了一种近乎习惯的看法，委员会在大约公元1575~1576年决定，将北矮墙的建筑风格贯穿于整个教堂的改建。结果是，教堂外墙的建造采纳了这种风格，致使在米开朗基罗有生之年所建造的南矮墙与整座教堂的建筑风格格格不入。在公元1605~1611年期间，人们拆除了南矮墙，然后按照新设计进行重建。

根据这个模式，关于五大穹顶的争论也可以就此搁置了。五大穹顶位于教堂十字交叉处以及四大礼拜堂的正上方。维尼奥拉对米开朗基罗计划的忠诚表现在每一个建筑细节上。在圣庇护四世在位时期以及圣庇护五世即位后至公元1568年期间，维尼奥拉继续建造穹顶坐圈。杜贝拉克的作品"1577年的罗马城"记录了这一点：支撑穹顶的大圆柱就像一根光秃秃的树墩，在空中摇晃着（图43）。

公元1569年，在维尼奥拉和建筑委员会的代表们之间出现了一场危机。建筑委员会在当年7月15日给维尼奥拉写了一封信，信中表达了他们的歉意，并将所有与重建相关的责任托付于他，同时保证，他们自己处理所有人事问题。委员们试图通过这封信来安慰维尼奥拉。借此可推断出，维尼奥拉因为被授予全权负责改建事宜而欢欣鼓舞。同年，他与其他米开朗基罗的追随者们向杜贝拉克委派了一项任务，即借助上述提到的那副版画设计完余下的改造部分，同时建造米开朗基罗模型中的中央大穹顶以及位于侧面小堂上方的四小穹顶。

维尼奥拉在计划中偷偷地加入了皮罗设计的装饰矮墙，

以及自己对四小穹顶的设计，尽管设计图中的米开朗基罗理念是不容侵犯的，所以他把这些新的改变算在米开朗基罗的头上（图42）。说到维尼奥拉的设计，他完全可以表现得更加问心无愧，因为可以假装米开朗基罗当时没有构想出四小穹顶的设计图。

大概在公元1567年5月，当利戈里奥被解雇，随之维尼奥拉成为大教堂改建工程中唯一的总建筑师之后，他马上开始改造东北侧的礼拜堂，即格列高利礼拜堂（Cappella Gregoriana）。他于公元1573年7月逝世。此后，改造工程继续进行：两年后，礼拜堂以及礼拜堂穹顶的内外壳体结构全部完工。维尼奥拉想通过建造四小穹顶为自己建功立业，从而流芳百世，当然前提是他不偏离米开朗基罗的基本理念。借助双排半露柱，他将米开朗基罗模型中的底层建筑和穹顶坐圈合成一体。另外，半圆形的拱顶、交叉拱的形状以及塔式天窗的外形都是为了迎合米开朗基罗的产物。

四小穹顶的内部壳体结构出自维尼奥拉的设计，但是他在外部壳体结构上，保留了米开朗基罗原有的设计，因此外部壳体结构仅仅维持了10年。和维尼奥拉的四小穹顶形成平衡的就是位于教堂中央位置的大穹顶，它可以让新改建的四小穹顶看起来不是那么显眼。而自一开始，大穹顶就处于争论的风口浪尖。其中最猛烈的批判者就是桑迦洛派的领头人，之前提到过的南尼·迪·巴齐奥·比乔。在米开朗基罗死后，他一直试图用另外一种设计来代替米开朗基罗的设计。他还大胆预测，他的设计与米开朗基罗的完全不同，而且是最坚固的一种建筑模型。古列尔莫·德拉·波尔塔（Guglielmo della Porta）站在桑迦洛党派一边。因为米开朗基罗在公元1550年左右反对他设计的教皇保罗三世露天墓穴工程。在此以后，他便开始对米开朗基罗进行类似的批评。他建议，用单层壳体结构式穹顶代替米开朗基罗设计的双层壳体结构，同时可以重新对改建设计进行修改，修改应该以桑迦洛模型为导向。更为严重的是，德拉·波尔塔表示，他"打算完成穹顶改建，但是绝对不会放弃博那罗蒂的任何理念"。当然，他的出发点是：圣庇护四世的命令只涉及已经建造好了的部分，比如穹顶坐圈。因此，从原则上来讲，不仅米开朗基罗的计划是可以运用的，而且如果没有圣庇护四世的命令，那么已经建造好的部分早就被拆除了。这种论断是建立在圣·彼得大教堂此前的建筑史上。

建筑委员会曾在公元1580年之前给圣庇护四世递交过一份呈文，希望将改造穹顶付诸实际。呈文中还附加了一封给古列尔莫·德拉·波尔塔的加急信。因此，德拉·波尔塔也在米开朗基罗模型的更改中贡献了自己的一份力。主要源于一个名叫贾科莫·格里马尔迪（Giacomo Grimaldi）的公证人和档案保管员的一份报告。格里马尔迪在西克斯图斯五世时期（Sixtus V.，在位时间：公元1585年4月至1590年8月）曾在一家石匠工场发现了那座巨大的桑迦洛模型、几座米开朗基罗时代的石膏和木质模型，其中包括一座用椴木制作的穹顶模型。模型中的穹顶弧度比贾科莫·德拉·波尔塔（Giacomo della Porta）的穹顶模型的圆顶弧度要"稍小一些"。公元1574年年初，德拉·波尔塔被任命为圣·彼得大教堂改建工程的总建筑师，接替维尼奥拉的工作。在位期间，他制作了另一个穹顶，根据格里马尔迪的报道："这个穹顶看上去更漂亮、更坚固。"

格里马尔迪报道中所提及的那个扁平的穹顶模型可能指的是创作于公元1549年的第一个模型。德拉·波尔塔在设计另一个模型时，很有可能是从那个昂贵的、于公元1558年11月至公元1561年11月制作的米开朗基罗模型中的坐圈开始的。在这个坐圈上，他换上了一个新的、更高的壳体结构拱顶。波尔塔所设计的这个穹顶就是我们今天看到的圣·彼得大教堂穹顶的原版。（图1和39）。

从格里马尔迪关于这一连串事件的立场中可以推断出，对米开朗基罗半圆形穹顶的修改不仅仅处于静力学的考虑，还处于美学方面的设想。实际上，陡峭的轮廓线条走向会给人一种活泼的感觉，而且和米开朗基罗自己的设计相比更加符合他的风格。因此，弧度较大的轮廓线可以解答这一疑问，即它是否符合米开朗基罗最后的遗愿，还是米开朗基罗没有亲自创造另外一个与最终选用的很相似的模型，如果他自己根本不会建造穹顶的话。为了证明这个理论，可以引用一些有利的论据加以证明。

面对那个已经建造好的穹顶，这个半圆形的穹顶模型也拥有自己的魅力。如果最后建造的穹顶行得通的话，那么它早就已经耸立在教堂顶端了。今天所看到的拱顶在其短暂的动态中真是美极了，但是它缺少布拉曼式的瞬间，即提升这座万神庙的高度，然后将它置于看似不现实的高度。而实现这一瞬间，对于米开朗基罗来说很重要，尤其当他创造了这个木制模型之后。相反，如果最后建造出来的穹顶能带给人更强烈的动感，那么不是归功于米开朗基罗的行事风格，即就算最后一分钟都要对预设的规划反复思考，就是归功于接班人们内心对实现自己设计的强烈欲望。德拉·波尔塔是否采纳或者预料到了米开朗基罗模型的最终效果，这个疑问不得而知，就好像人们去探究北耳堂装饰矮墙的创作者一样。

即使作为完成重建的助手或者米开朗基罗的校对人，德拉·波尔塔无论如何都必须弄清楚，圣·彼得大教堂这个复杂庞大的建筑体要求每一位建筑师在毁坏任何一个建筑细节时，表现出首创精神。圣·彼得大教堂穹顶新轮廓的出现，可以考验一下建筑师因为世人对新穹顶的期待而表现出什么样的压力。根据格里马尔迪的报道，德拉·波尔塔"将格列高利礼拜堂那个原本扁平的小穹顶，按照大穹顶的模式，而加高了。"格里马尔迪所指的"小"穹顶是在公元1575年建造完成的、半圆形的外部壳体结构，而这个壳体结构是维尼奥拉为米开朗基罗的大穹顶设计的。有关发掘物证明了，在公元1584~1585年间，德拉·波尔塔拆除了这个外部壳体结构，然后派人按照他的设想重建大穹顶。这也就意味着，并不像格里马尔迪所看到的那样，拆除维尼奥拉的小穹顶是由德拉·波尔塔重建的中央大穹顶导致的后果，恰好相反，正是因为格列高利礼拜堂穹顶的重建为中央大穹顶的改建提供了可能。

像他的前辈们，如布拉曼和米开朗基罗一样，德拉·波尔塔通过建造一个具有示范作用的建筑元素，从而放弃了那些拖后腿的设计。如果十字交叉处的大穹顶与教堂侧面的其他小穹顶不匹配的话，那么它必然逃脱不了再次被拆除，然后重建的后果。

4. 最后的重建轮廓和穹顶竣工

在按照德拉·波尔塔的设想对米开朗基罗设计的中央大穹顶进行改建之前，除了拆除维尼奥拉设计的小穹顶壳体结构之外，有必要进行第二次拆毁行动。公元1585年，拆毁布拉曼建造的西圣所的时间到了（图26）。在德拉·波尔塔的带领下，西圣所消失了，而教堂横轴的其他突出部分被按照米开朗基罗的模型进行了重建。米开朗基罗给他未完成的建筑步骤规划了框架，布拉曼当时用这样的方法阻挠了尤利乌斯墓穴工程。

教堂东侧还处于不明朗的状态中，这座君士坦丁大殿（konstantinische Basilika）的中殿在新建筑的对照之下，显得格格不入。除此之外，米开朗基罗模型中的横轴突出部分全部完成。在西克斯图斯五世的再次强烈敦促之下，德拉·波尔塔自公元1587年7月开始致力于中央大穹顶的改造工程。他最大的心愿就是，完成西克斯图斯四世和尤利乌斯二世都认同的教堂革新（INSTAVRACIO）。随着截止日期的日益逼近，为了穹顶改建能够按期完工，德拉·波尔塔下令昼夜不断地进行轮班加工，每一班的建筑工人达到800人，这是布拉曼时期最高记录的三倍。穹顶外层的镀铅工序拖延至公元1593年，而工程的真正竣工其实是在西克斯图斯五世在位时期，即公元1590年5月。

随着穹顶改建工程的竣工，布拉曼建造的用来为主祭坛和圣·彼得墓穴挡风遮雨的保护屋也就显得多余了。在公元1592年，也就是教皇克勉八世（Clemens Ⅷ.，在位时间：公元1592年1月至1605年3月）在位初期被拆除了。随之，新建产物最后一次消失在建筑碎片中，这里指的新建产物某一个断壁残垣，而就是整座建筑物。这样也就完满了，其完满的意义在于，这座老君士坦丁大教堂的后殿就是新建筑的后墙；随着墓穴华盖的破碎，从耶稣使徒墓穴这层意义来讲，代表旧教堂的最后一位使者也灰飞烟灭了。

对老圣·彼得大教堂的扬弃
（1605~1939）

1. 文艺复兴和老圣·彼得大教堂的拆除

　　新圣·彼得大教堂西区所呈现出的一派新气象越引人注目，对于仍苟延残喘的老教堂中殿下落的疑问就越明显。老教堂中殿的状况16世纪30年代末期开始，就有了好转。尽管工地让它显得暗淡无光，但它像一座敞口的树墩，与新建区形成强烈对照。中殿内堂暴露在烈日和暴风雨中，再加上重建工程的开工，尘土和噪音对它的摧残毫不逊色。在这种情况下，从北方来的赫姆斯科克就来得很及时，因为他为新建废墟抹上了一层神秘批判和罗曼蒂克式多愁善感并重的诱惑之色。

　　在赫姆斯科克启程后不久，也就是公元1538年的夏季，重建废墟所带来的惨状稍有缓和，因为安东尼奥·地·桑迦洛建造了一道之前提及的隔离墙（muro divisorio），这道墙的存在将老教堂的中殿与重建工地分隔开来。在一张无名氏的草图上，左边耸立着桑迦洛的那道墙，它就像是那座

图44　无名氏B：从北侧眺望圣·彼得大教堂。藏于柏林国立普鲁士基金会的铜版画陈列室，参见柏林绘画速写本Ⅰ，对开本第15页，右侧

孤零零的旧教堂中殿的新门面一样，让它免于各种新建事务的干扰（图44）。然后，我们再将目光投向草图的右边，可以看到十字交叉处的南北两大穹顶墩柱以及布拉曼圣所。中央穹顶下方，老教堂内墙的杂乱和残破感更加强烈了，而老教堂的遗留部分，中殿看上去虽小，但还是显得很完整。

老圣·彼得大教堂至少在教堂中殿这里赢回了独立教堂的特征。教堂被破坏的完美就像一个不祥之兆，预示着新建的毁灭。然而，三扇通风窗（Obergadenfester）下方的那副绘画展示了一个半圆形的巨大裂缝，一块高为40米、宽为65米的墙壁嵌在裂缝中。这表明了，首先这座墙并没有封闭教堂中殿，而是拦住了有些倾斜的侧墙，其目的是为了保持整体上的稳固，从而能与新建结成一个可以操控的、

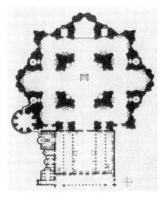

图45 米开朗基罗设计的圣·彼得
大教堂平面图以及相邻的老
圣·彼得大教堂残余建筑（由
L.·莱斯于公元1997年修复）

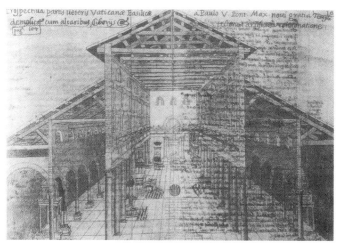

图46 从老圣·彼得大教堂的中殿、朝着隔离墙的方向管窥新圣·彼得
大教堂。藏于梵蒂冈图书馆，对开本第104v.–105页

在外形上与布拉曼墩柱上的半圆形壁龛形成一致的联系：
所以它并不是一座隔离墙，而是一条锁链，就像一张维也
纳绘画将教堂中殿和新建筑的东侧融为一体一样。

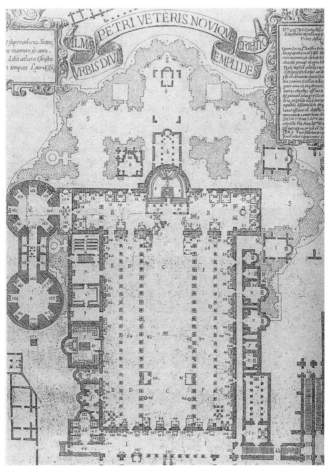

图47 蒂贝利奥·阿尔发莱诺：公元1580年至1590年左右的新、老圣·彼得大教堂平面图，藏于梵蒂冈宗座图书馆

　　但是，这种状态只维持了短短几年。公元1545年，新圣·彼得大教堂的横轴东侧与老教堂中殿连成一片。在此之

后，这个巨大的中央裂口就被缝合上了。这种情况又维持至公元1615年2月（图45、46）。这一过程是神秘莫测的，因为它挡住了一道迷人的光线，即从这座君士坦丁大殿到那座纵横双向迅速膨胀的新建筑物。直到两座建筑物连成一片的那一瞬间，它们才算是永远地彼此隔离了。也许，这种老生常谈的伎俩第一次奏效，它借助与相邻新建筑的暂时隔离至少为老教堂中殿赢回了一个机会，一个让它返璞归真的机会。

在两座建筑物之间只保留了一道门缝，在教皇格列高利八世（GregorXIII.，在位时间公元1572年5月至公元1585年4月）在位时期，也就是16世纪70年代，这道门缝被挪高了，因为为了比例上的协调圣·彼得大教堂的地面被抬高了3米，与中殿墙壁齐平。为了与不在同一水平面上的地面找齐，所以在隔离墙的两边分别加建了六个台阶（图46）。

在公元1545年出现的分裂促使60年代出现了一股意想不到的、君士坦丁遗留建筑的复古风。一系列的建造措施保证了这种状态；格列高利八世下令重铺地板。然后，在公元1601年，长达三年的柱顶盘修复工程顺利竣工，随之克勉八世心中的那块石头终于落地。因为修复工程会妨碍老教堂的拆除工作。之后，人们建立了新的基金会和墓穴，其中包括教皇利奥十一世（Leo XI.）的墓穴。从教堂西区转移过来的祭礼品都必须重新安排。所有新建的机构以及其他附加设施都需要长时间地建设，同时必须小心地避免给世人造成这种感觉，即新教堂夺走了老大殿的所有财富和功能；没有哪个圣体圣事礼拜堂（Heiligenkapelle）是双份的，也没有哪件祭礼品会从老教堂搬运到新教堂。看来，君士坦丁式的教堂中殿可以和米开朗基罗设计的教堂中央建筑共存。

两座建筑主体持续地保持合并的状态，就像上面提到的那副维也纳绘画所描述的那样，这种合并看似提供了一种可能性，即象征性地将教会从古至今的胜利表现出来。从教堂前院（Atrium）、穿越中殿、直至隔离墙以及相邻的现代化穹顶教堂，就像一条穿行在教会和圣事历史博物馆的道路一样，逼真而华丽地展示了充满胜利喜悦的教堂。这条道路也可能变为反革命的凯旋大道（via triumphalis）。

在这一背景下，米开朗基罗设计的中央建筑变成了专门针对布拉曼的武器，为此整个教堂中殿都成为了牺牲品，就连君士坦丁式建筑的捍卫者也为它辩护。因此，基督教考古学家旁派·乌戈尼奥（Pompeo Ugonio）称赞米开朗基罗，因为他删改了布拉曼那个铺张的工程，用一座中央建筑来代替，中央建筑不会损害教堂中殿。红衣主教凯撒·巴罗尼奥也持有同样的观点，他大力支持米开朗基罗的中央建筑计划，这样的话，至少教堂中殿的残余部分可以保存下来。

然而，在反对改革者看来，对君士坦丁式的教堂中殿的表决会陷入一个无法解除的矛盾之中。赞成保留教堂中殿的人们，认为中殿是呈十字架形状的君士坦丁教堂必要的建筑，但是他们不可能同时支持异教徒的建筑，比如说中央建筑。也有人认为，米开朗基罗的中央建筑对于天主教的礼拜仪式来说是不合适的，因此教堂横轴的东侧必须延长和扩宽，这样的话，整座建筑在整体上是呈十字架形状的。因此，从这个角度来看，以牺牲君士坦丁式教堂中殿而获得的十字架建筑其实是一个损失。

在传统捍卫派的冒险之举中功劳最大的要数圣·彼得大教堂教士会成员蒂贝利奥·阿尔发莱诺（Tiberio Alfarano）。在长年的研究之后，他有能力在公元1571年完成包括内部装置在内的老教堂设计，然后他将这个设计纳入了史蒂芬劳·杜贝拉克（Stefano Dupéracs）于公元1569年创作的新圣·彼得大教堂的平面图中，并于公元1576年发表。公元1590年，这个完善后的设计图版画问世了，其间还有许多不同的设计图版画问世（图47）。

在阿尔发莱诺的设计图中，新建筑笼罩在老圣·彼得大教堂的阴影之中，这样的话，至少可以将历史从记忆中删除。老建筑那张黑色的平面图叠加在米开朗基罗的设计图上面，使得米开朗基罗的设计图就像是退居幕后的负片一样。而设计图中的君士坦丁大殿没有任何地方被米开朗基罗的设计遮盖或者与之重叠。由此一来，老圣·彼得大教堂连同所有附属建筑都被吸入了米开朗基罗中央建筑的东缘

图 48　卡罗·马拉塔：新、老圣·彼得大教堂，书籍卷首插版画，
　　　　创作于公元 1673 年

中。两座建筑物被这种形式连接起来，随之出现了一座向东延伸并面朝东方的建筑混合体。

这幅设计图给人们在心灵上的撞击是无法抗拒的，以至于在新圣·彼得大教堂后来被改建过无数次之后，这张设计图仍然被保留了下来。在公元1673年，也就是在设计图第一次出版的数百年之后，卡洛·马拉塔（Carlo Maratta）将它变成了有关这座君士坦丁大殿在重建中坚挺下去的最好论据。在卷首版画上，谣言女神（Ruhmesgöttin）向一位皇帝和教皇呈上了这张通过阿尔发莱诺版画传达的巨型设计平面图。在平面图上，米开朗基罗的中央建筑又一次退居到了君士坦丁大殿那黑色的轮廓线条之后（图48）。至少在回忆中，君士坦丁大殿顶住了整座新建筑的光彩，从而被保留了下来。

阿尔发莱诺这幅版画的真正效果在于与维护历史针锋相对。为了君士坦丁式的中殿和米开朗基罗的中央建筑能够和谐共存，阿尔发莱诺第一次站在了评论的风口浪尖。一个内部不均匀的双体建筑与阿尔发莱诺所宣传的、均质的人神同形同性的建筑主体是背道而驰的。面对这个由自己招致的两难境地，即不是去拯救君士坦丁式的教堂中殿并且让世人接受米开朗基罗的中央建筑，或者将新圣·彼得大教堂扩建成一座纵向建筑，同时牺牲老教堂的残余建筑，阿尔发莱诺经过内心的斗争之后，决定建造一座十字架式的普通建筑。

恰好，圣人故事（Historia sacra）的代表者们，例如阿尔发莱诺，用基督教自古至今发展历史的连续性来反对新教定会衰落的理论。他们为了确保君士坦丁大殿不得不反对米开朗基罗的中央建筑工程。通过对十字架式新建筑的表态，确保了这座早期基督教建筑的最后残余 —— 君士坦丁式教堂中殿 —— 将会彻底消失。阿尔发莱诺的理念，即像洞穴系统一样将老教堂中殿置于新教堂中殿的保护之下，其实就是一个为了平衡自己制造的失败的妥协。就连作为宣传老教堂残余建筑 —— 君士坦丁式教堂中殿 —— 最有效果的阿尔发莱诺设计图也促使了反面效果的发展。

为了维护新建筑中大教堂的十字架结构，这样的话就必须放弃原来的设计，这两方面之间的冲突，在圣人故事的捍卫者看来是可悲的，也是无法解除的。那些导致老教堂中殿被废除的借口却起了反作用。老中殿处处可见的衰落之象让人们坚信，通过建造附属建筑物可以加强整体建筑的稳固性。在克勉八世时期，教堂的南侧外墙，也就是圣安德烈教堂（St. Andrea）（图47）内部圆形小室对面的外墙上经常会掉落建筑碎片，因此在公元1604年人们决定，在外墙内外分别建造一座新的礼拜堂，这样的话，"老教堂就不会倒了"。在这种情况下，公元1603年卡洛·马代尔诺和乔瓦尼·弗安塔那（Giovanni Fontana）一起占据了德拉·波尔塔作为改造工程第一建筑师的职位，卡洛·马代尔诺还绘制了第一张设计图，设计图上的新教堂向东延伸了，因为延伸的顶端部分自成一体，很有建筑动感，因此拆除老教堂中殿的征兆就更明显了。

教皇保罗五世（Paul V., 在位时间：公元1605年5月至1621年1月）从一开始就制定了这个建筑目标，但是相互矛盾的观点、规定以及行为所带来的后果是显而易见的，即他找不到一致的、支持的力量，他必须战胜最顽固的反抗。为此，他采取的第一措施就是，整合建筑委员会，并让他的亲信占据委员会的重要职位。首先，他在公元1605年6月15日发布决议，即一个委员会中只可以有三名红衣主教，除了圣·彼得大教堂的大祭司（Erzpriester）乔瓦尼·伊万杰琳·帕洛塔（Giovanni Evangelista Pallotta），还有贝内代托·朱斯蒂尼亚尼（Benedetto Giustiniani）和旁派·阿里戈内（Pompeo Arrigone）两位。在当天，他还宣布了要建立第二个委员会，其任务是对资金的分配进行监管。预设目标就是，建造两个设计好了的礼拜堂以及"拆除圣·彼得大教堂的旧建筑"。但是，仅从文字表达分析，并不能确定，到底是拆除工作止于两座新建的礼拜堂，还是包括整座君士坦丁大殿。也许，这种言语上的不确定性是有企图的。

公元1605年9月，一扇通风窗在弥撒期间掉下来了，拆除老圣·彼得大教堂的支持者们把这个事件当成是上天赐予的礼物。当月17日，在两个委员会的会晤上决定拆除旧教堂，"因为反正旧教堂马上会变为一片废墟"。保罗·艾米利奥·桑托罗（Paolo Emilio Santoro）记录到，红衣主教凯撒·巴罗尼乌在公元1605年9月26日那次至关重要的会议上怀着对上帝敬畏的心情激动地反驳了这个骇人听闻的决议，即摧毁老教堂。巴罗尼乌历数了一系列将处于危险的祭神物品，目的是结束这个预言，即"所有人都会重陷不幸、悲哀和痛苦之中"。即使强调会出现的后果，以及"这样的一座教堂会葬送在我们自己的手中"，也无济于事。教皇保罗五世毫无表情地宣告，没有人顺手拆了老教堂的中殿，因为它本身就摇摇欲坠了，而且修葺费用是巨额的。当所有有关圣体、圣事和圣礼的物品从老教堂转移到新圣·彼得大教堂之后，也就是在10月1日，授命拆除并保护教堂贵重物品的红衣主教帕洛塔下令启动拆除工作。曾经促成公元1505年布拉曼拆除计划的主力，再数百年之后，又一次心想事成了。

即使在这种情况下，圣·彼得大教堂教士会成员们仍然递交了一份呈文，主要内容是反对于公元1605年9月26日关于拆除老教堂的决议。他们争辩说，君士坦丁大教堂是绝对不会倒塌的。因为早在15世纪中叶，人们就一直担心教堂的稳固问题，而对墙壁和屋顶稳固性的担忧还要早150年，然而就算改造工地的影响，它们依然岿然不动。尽管在克勉八世和保罗五世时期暴露了一些新的建筑缺陷，但老教堂中殿捍卫者们的论据并非没有道理。即使在最后阶段，人们不禁产生这样的印象，建筑物年久失修肯定是一个重要论据，这样的话，拆除行为就是理所当然、有根有据的，因此人们也就没有必要再讨论这个问题了。而对于教士会成员而言，最重要的就是找到一个储藏老教堂中殿珍宝的最佳之地。

在拆除工作正式开始之前，还需要例行一系列的必要工作：首先打开墓碑和圣髑盒，然后发掘、登记残余物，最后将它们运往预定的目的地。在公元1606年1月底，整座教堂就已经被腾空了，以便在2月3日正式启动拆除工作。按照计划，中央走廊（Mittelschiff）的屋顶应该在一个月之内拆除，4月份是拆除两侧回廊（Seitenschiff）的屋顶。公元1608年8月发生了一件大事，因为到了拆除圣安德烈教堂（又称 S. Maria della Febbre）的时候了，教堂北墙被推倒，而其他部分被当做老教堂的纪念而保留下来。另外，这座教堂并不占用新工地，只是和它相切而已。在公元1609年年底，西克斯图斯四世礼拜堂被拆毁，它的毁灭直接导致了第二年2月教皇墓穴的消失。再加上米开朗基罗设计的尤利乌斯墓穴，这座君士坦丁大殿倒坍已经是个必然。公元1610年10月，老教堂正前门钟塔的拆除标志着另一件重大事件（图32）。据说，在第二年的11月拆除工作如火如荼地开展着。在公元1614年圣诞节前一天，为拆除隔离墙的资金已经全部到位，于是在公元1615年3月24日，隔离墙倒塌了。虽然，老教堂侧墙的残余还被遗弃在原地，但是说到由安东尼奥·德·桑迦洛于公元1538年建造的那面宏伟的墙壁，它首先保护了老教堂免受新圣·彼得大教堂建造的破坏，然后在拆除老教堂期间，又为新建筑起到了屏障的作用。它的拆毁应该像盛大的开幕仪式一样。一份以这一历史时刻为主题的报道于4月12日问世，报道称，因为拆毁这面墙，这座大教堂第一次获得了万人瞩目和赞叹。然而，格里马尔迪却轻描淡写地评论道："新、老教堂之间的隔离墙倒了，老教堂毁灭了。"

2. 马代尔诺（Maderno）的教堂中殿

君士坦丁式教堂中殿的拆除工作进行得如预期一样顺利，而马代尔诺的新建工作开展得如一团乱麻。他设计中的教堂中殿拥有一面封闭的正面，这就注定了这座面朝着的圣·彼得大教堂陷入了赞扬和批评的两重评论中，即使好评如潮，而批判的声音也势不两立。那个把布拉曼、桑迦洛和米开朗基罗迷得晕头转向的研究，在马代尔诺看来并不怎么重要。所以，后人无法澄清其设计中的关键问题。

这是可以理解的，但是同时也是令人惋惜的，因为马代尔诺讨厌的不是与之前的历史作对，而是历史导致的后果。承上启下的工作，其中包括马代尔诺的教堂中殿，总是很复杂，并且充满了矛盾，就像教皇尤利乌斯二世和布拉曼艰难合作之后的每一个建筑阶段一样。有关马代尔诺教堂中殿的决策过程其实是圣·彼得大教堂建筑史的常态，而不是非常态。

米开朗基罗建筑模型的致命弱点就是与老教堂隔墙相邻的教堂横轴东侧，在规划中，它是中央建筑的正面，但是米开朗基罗没有确定过正面是否应该是封闭的。虽然，杜贝拉克的版画（图3和42）符合米开朗基罗的预想，但是，对此还没有想到合适的建筑对策，因此，相对于其他建筑步骤而言，这里存在很大的发挥空间。以礼拜仪式和功能为依据的论断是教堂向东延伸的主要动力，最后，扩宽的程度甚至超出了米开朗基罗预设的范围。因为，论断的主要内容是，米开朗基罗的中央建筑计划并没有将法衣室、更衣室、浸礼堂和服务人员的办公室等纳入其中。他的杠杆就是，像人们所看到的那样，即将倒塌的君士坦丁式教堂中殿；早在公元1604年，"即将倒塌"就已经成为了可以利用的论据，因为通过两座新建的"支撑性的"礼拜堂，"延长教堂内堂"是理所因当的。在教皇保罗五世上位后不久，也就是在公元1605年6月18日，他为新建筑委员会规定了目标任务，即"寻找一条既能与米开朗基罗的计划保持一致又可以顺利完成圣·彼得大教堂建造的道路"。也许这种说法只是为了安抚那些老教堂中殿的捍卫者们，因为米开朗基罗的中央建筑还存在一个悬而未决的问题，即到底是拆除还是保留老教堂中殿。

在公元1605年9月，刚刚开始实施的老圣·彼得大教堂的拆毁措施创造了一种恐怖空间，因此思考位于教堂横轴东侧的、第四个突出点的外形成为了必要。在公元1605与1606年交际的寒冬腊月，公布了一场竞赛，从竞赛中流传出于公元1606年1月18日发生的一次争论，其主题就是那

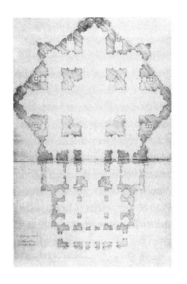

图49 卡罗·马代尔诺：圣·彼
得大教堂重建工程图，创
作于公元1505~1506年。
藏于佛罗伦萨乌菲齐美术
馆的绘画与印刷品收藏
室，对开本第264页A

个保留米开朗基罗中央建筑计划的模型。在争论中，马代
尔诺以一个有效的建议取胜，即可以在米开朗基罗中央建
筑的那座拥有三道回廊的前厅再建造一个前厅（图49）。马
代尔诺打算在中央建筑内东侧回廊和南侧回廊形成的轴心
中分别为教士会成员和法衣室建造礼拜堂。

　　因为礼拜堂的建立会影响两侧回廊的长度，所以他就
下令逐次缩小教堂前厅和前厅的宽度，这样一来，站在教
堂的中心位置，朝着结构紧密的前厅望过去，横轴南北侧
的视野非常宽阔。在中央回廊这一部分，马代尔诺保留了
米开朗基罗设计的东侧圣所耳堂内弯的墙角，再加上马代
尔诺设计的教堂前厅是前后贯通的通道，所以整座中央建
筑是连成一体的。马代尔诺的设计满足了基督教礼拜仪式

的需求，同时也保证了对米开朗基罗建筑模型的尊重，因为教堂前方的突出部分都保留了米开朗基罗的设计。

在公元1607年3月8日，格列高利礼拜堂东侧的新建筑地基挖掘工程启动，并于同年5月7日奠基。另外，自3月起，木工们着力于建造一座以马代尔诺设计图为模板的木质模型。它直接导致了建筑政策公开策划的第一个拐点的出现。从编年史作者们干巴巴的文字记载中可以看出，这是多么让人感到惊讶啊，当教皇保罗五世在公元1607年9月11日巡视工地时，几乎没有仔细观察建筑基坑，而是探访了那些制作木质模型的木工们，因为"这个模型对接下来的建筑工作起到决定性作用"。相关报道显示，教皇非常喜欢模型中那个"极其华丽的"教堂正面，因此他下令，建筑工作从教堂正面开始，并且要求在六年内完工。这个突如其来的改变，即将建筑始点从西侧改到东侧的老大殿。咋一看，这个改变非常荒唐，但是，当它被评价为第二次对颠簸不破的事实进行创造之时，好像又没有什么稀奇的。显然，保罗五世希望将教堂前院纳入拆除范围之内，同时确定教堂前方突出部分的规模。

接下来发生了一连串相关联的事件。首先在9月28日，君士坦丁教堂老前院中的75块大理石被运走。接着在10月12日，据说建筑工人们以计件的方式拆除了老前院的围墙，"在那里将会建造新教堂的正面"。在11月5日，"为了取悦罗马城市民"，在南角放下了第一块奠基石，因为那里和教堂横轴突出部分是连在一起的。这是一个具有标志性意义的行动，因为在几年之后，也就是整座君士坦丁式教堂中殿彻底拆除之后，整体效果才能显现出来。在公元1608年2月10日，第二块奠基石就放在了今天圣·彼得大教堂神职人员公寓的位置。这再一次证实为了创造更大的建筑物而牺牲个别建筑部分是值得的。

　　奠基后两个月，也就是公元1608年4月16日，建筑委员会召开会议。相关报道提及，委员会委员因为在工程逾期这件事情上意见相左而分裂。显然，在格列高利礼拜堂工程启动之际，只是达成了单方面的统一，封闭东耳堂（Ostarm），但是并没有对在多大程度上遵循马代尔诺计划达成共识。由此可推断出，对于这个问题会根据木质结构而做出决定。在这种背景下，教皇的既成事实（fait accompli）其实只是达成一致的一个缺口。那些处于矛盾中的人们，一方面感觉被突然袭击了，另一方面又感觉承担着应有的义务，最后在别人的强迫中做出决定："在阿里戈内主教到达之际，建筑委员会成员们要求相关人员对圣·彼得大教堂改建的下一步计划做出决定。一直不能肯定的是，到底是按照最初的方案改建下去并且浓缩第一份设计草图，还是干脆就按照米开朗基罗当时的设计进行下去。"

　　因此，支持米开朗基罗中央建筑模式的人们认为，要不缩减已经开始的计划，要不重回米开朗基罗的中央建筑模式。这一观点的代表者们包括红衣主教保罗·马吉（Paolo

Maggi）、保罗·鲁格斯（Paolo Rughesi）和马费奥·巴贝里尼（Maffeo Barberini），也就是后来的教皇乌尔巴三世（Urban Ⅲ），他在公元1608年加入了圣·彼得大教堂建筑委员会。另外，在一封写于5月24日的致教皇信函中表示，他将全力以赴地支持米开朗基罗的中央建筑模式。而支持教堂中殿计划的领头人包括除了之前提到过的红衣主教阿里戈内，还有红衣主教帕洛塔和巴尔托洛梅奥·凯西（Bartolomeo Cesi）。他们的决心体现在两个月之后的一项决议中。教堂中殿支持者们不光反对回归米开朗基罗模型，而且他们刻意夸大已经开始的工程。公元1608年6月16日，建筑委员会决定："坚决履行卡罗·马代尔诺的建筑计划，并且以最快的速度拆除已经开始的部分。"

关于中断刚刚形成的建筑措施的决议，如果没有数十年以来改造历史的沉淀，那么一定是匪夷所思的。在建筑历史的背景下，这项决议是基于一般理性经验做出的，只有通过拆除已经建造的部分才能顺利击败对手。教堂中殿的支持者们联合教皇一起反对米开朗基罗的崇拜者们——佛罗伦萨党派，他们虽然同意了撤回已经开始的建筑步骤，但是并不是为了回归米开朗基罗的中央建筑的模式，而是为了离他更远，只有这样才能够将扩展版的教堂中殿计划付诸实现。

马代尔诺接受了这个按照自己计划继续建造教堂中殿的任务。他首先尝试着，在经自己扩展后的教堂中殿前建造一个位于中央位置的入口，然后致力于碑文区域的建设。一步步地，原本朝着扩宽教堂正面大小的建筑方向被改变了。随之而来的是，彻底告别米开朗基罗中央建筑模型已经成为事实。为了完成教堂正面的建造，马提亚·格罗伊特（Matthias Greuter）用版画记录了公元1613年教堂正面的平面图和剖面图（图50和51）。从这两幅版画中可以看出，在米开朗基罗模型中教堂横轴突出部分的东侧安置了一根横梁，它是一座拥有三排回廊和两座侧面礼拜堂大殿的最后一根横梁。这两座礼拜堂的设计没有改动，但是教堂前厅的宽度扩大了，从而完全颠覆了马代尔诺原来的设想，即让前厅结构与米开朗基罗穹顶区域非常严密地排列在一条线上。

扩建的导火索是教皇保罗五世于公元1612年9月2日发布的一项决议，即在教堂的两侧建造两座钟楼，"如果和米开朗基罗模型中的老教堂规模相比，这两座钟楼能够让教堂的正面显得更加宽阔、宏伟和得体"。这个观点并不是以历史的或者神学动机为基础的，而是纯粹以美学上的考虑为出发点的。同样非常引人注目的是，在君士坦丁式大殿从地面上消失的那一瞬间，"老教堂"这个概念就已经转移到了布拉曼和米开朗基罗的新建部分上。在米开朗基罗死后将近五十年左右，保罗五世希望将新建的教堂中殿定义为继米开朗基罗之后的"新建筑"。从而，对于"新"和"旧"的定义框架往前迈进了一步，由此圣·彼得大教堂历史的未来主义特征再一次得到了印证。

　　显然，对于教皇保罗五世而言，重要的不仅仅是完成圣·彼得大教堂的改建工程，更重要的是通过不可更改的创新能使自己在改建历史上占有应得的位置，同时又可以将教皇尤利乌斯二世和保罗三世的传统继承下去。马代尔诺

图50　马提亚·格罗伊特：圣彼得大教堂之图，公元1613年

创建的这座历史上最大的教堂中殿，它超越了之前所有教皇在位时的建筑成果。这样一来，米开朗基罗留下来的建筑物就成为了"老教堂"（tempio vecchio）。因此，对于保罗五世而言，不能将自己建造的那座具有划时代规模的新建筑变成像教堂正面那样的显眼，这的确是件让人沮丧的事情。但是，借助那两座角落里的钟楼，教堂大门正前方的气势可以与米开朗基罗的穹顶一决上下。

事情源于已经改变的势力对比。如果是在16世纪的话，马代尔诺可以联合相关机构反对米开朗基罗，但是现在只能想到神职人员。后人是否尊重米开朗基罗模型，可以从马代尔诺的行为中见分晓。因为凭借对模型的忠诚来考量建筑家们，那么他们就已经失去了对建筑造型的自主权，从此教堂的正面造型就被颠覆了。米开朗基罗的权利转移到了神职人员身上。他们不再是桑迦洛党羽下那些将米开朗基罗的成果付之东流的建筑师们，而是教会中身居要职者，是曾经监管米开朗基罗模型的人们。米开朗基罗对建筑师权利的剥夺导致了教皇保罗五世成为了超建筑师。他和马代尔诺聘用了一位助手，助手可以帮他们分担每一次变更建筑设计的风险，因此，米开朗基罗曾经竭尽全力去避免的事情都发生了。

收尾工作在如此大的压力下进行着，因为一共有超过七百多名工人昼夜倒班地工作着。白天有巨大的太阳帐篷遮阳防晒，夜里工地上的照明灯彻夜不灭。公元1612年7

月12日，教堂正面建造终于完工。第二年，为了纪念教堂正面的竣工，马提亚·格罗伊特特意创作了一幅版画，版画上刻着献给大教堂创造者的巨大文字："罗马城平民献给教皇保罗五世（Paulvs V Borghesivs Romanvs）（图50）。"这里写的是建筑是献给保罗教皇，而不是彼得教皇"，一篇讽刺文章中这样写道。在公元1614年年底，教堂中殿的建造工程提前完工。由此可见，教皇在新圣·彼得大教堂建造的最后阶段所投入的人力物力都是闻所未闻的。

3．保卫者的修辞

已经完结的改建成果的呈现方式包括马代尔诺那封于公元1613年5月30日献给保罗五世的代理收款委托书，这封信后来还记录在了格罗伊特创作的建筑设计版图中（图51）。改建的完结给新建和拆除这个持续了一个多世纪的漫长历程划上了句号。为了表示对改建工程的维护，马代尔诺用老教堂已经摇摇欲坠这个说得过去的理由来支撑拆除这座君士坦丁大殿的观点："圣父，这座圣殿是为了向至高天主和耶稣门徒之长致敬、而由君士坦丁大帝建造的，并且由圣西尔维斯特主持落成典礼。但是，一百年以来，甚至一百多年以来，它都处于岌岌可危之中。"仅仅因为这座圣殿过于脆弱才让尤利乌斯二世萌发了拆除它的冲动："正因为如此，已故的教皇尤利乌斯二世下令逐步拆除圣·彼得大教堂，然后在原地按照建筑师布拉曼的设计重建

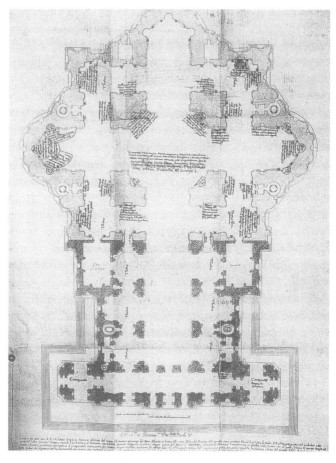

图 51　马提亚·格罗伊特：圣·彼得大教堂平面图及马代尔诺的代理收款委托书

另一座至高无上的圣殿，在此之后，经桑迦洛党派以及闻名于世的米开朗基罗·博那罗蒂等人之手的翻新和美化，最后世人才见到了保留至今的这座圣·彼得大教堂。"

有关教堂西侧中央建筑的微历史实现了圣·彼得大教堂建筑史向循序渐进发展路线的转变，按照这一规律，马代尔诺将教堂的改建带向了另一个方向，即向东侧扩建："从这些享誉盛名的建筑师的报告，教皇陛下已获悉：新教堂还未完工，老教堂常年失修，不能修复。正是因为您的仁慈，为了避免虔诚的信徒之间开展血泪交混的屠杀，您下令拆除那些神圣的墙壁。让人觉得厌恶的是，人们没有能力再让那些几乎倒坍的墙壁重新变得稳固。"

当马代尔诺援引教皇关于拆除老教堂所有残余建筑的命令之时，他让这种为了弥补失去而新产生的多愁善感背上了恰如其分的沉重负担："但是，因为人们最终得出结论，即完成已经开工的圣殿工程是一种必要，所以教皇陛下怀着对这块圣地全心全意的爱将老教堂的残余部分包围和隐藏在新建教堂之中，这样的话，这块圣地就不会被世俗的环境玷污了，尤其是因为这里曾是多少圣人和殉教者遗体的安息之所，通过这种方式那些圣人遗骨和遗物的痕迹以及对圣西尔维斯特的怀念和对君士坦丁大帝的敬仰都被保存了下来。"这个虔诚的"包围"比喻将所有批评的声音都扼杀了，因为它认为百孔千疮的老教堂被新教堂保护了起来。那些坚持赞成保留老教堂中殿的人们，必须在这个论调面前扮演扫兴者的角色，因为他们总是固执己见，认为事物是永不消失的，就像黑格尔那个有关"扬弃"的三重意义所主张的一样，事物的拆除过程其实是向另一个高度发展的过程，事物也就因此被保留下来了。

　　这个充满了现实意义和宗教礼仪要素的决议又一次以这个设想结束，即新的建筑元素能将老教堂包围起来，从而保护起来："为了让人们能够更加严谨和认真地对待重建工程，教皇陛下下令成立了一个专门由红衣主教组成的委员会，此委员会被赋予了监督和指挥全权，只要他们觉得合适的相关权力委员会都可以拥有。当委员会成员第一次碰头的时候，他们就已经达成了第一项决议，即人们必须为了这块圣地创造一些老教堂所欠缺的新元素：比如为神职人员建立的圣所、法衣室和浸礼堂、入口柱廊、祈福敞廊以及能够将整座老教堂遮盖住的教堂正面。

　　这个以"包围和保护老教堂"为内容的比喻必须接受关于马代尔诺的所有批评，比如他和布拉曼一样是个破坏者。因此，有关对他自己任务分配的报告也是受到了这个比喻的影响。由于个人的主动性，马代尔诺说服了教皇，同时他将这种主动性转化成了仲裁法庭上的一个客观性的决定："对于同时代的那些小有名气的建筑师来说，不管是罗马城内还是罗马城外的，他们都有义务让有身份的人们理解自己光荣的使命，即在设计图纸上实现上述的进步。当这个委员会中的每一个成员展示他们的发明和绘画之后，对于那些有身份的人们来说，他们有义务，在取得普遍一致之后，欣然接受那些由我上呈和推荐给他们的设计图。"

　　在他这份低调的申明之后，他继续表示，他将会认真地实现这个目标，同时他也很顾及米开朗基罗的改建计划。那张描绘了两幅平面图的版画将米开朗基罗的设计和马代尔诺的建筑结合起来："我有义务将这两幅设计图统一地雕刻在铜版画上。版画上，虚线代表着之前米开朗基罗所创造的新建筑，而实线却描绘着我创造的那一部分，这样的话世人可以看到教堂、入口柱廊、教皇的敞廊、整个建筑物的正面以及高高耸立的两侧钟楼等建筑结构的平面图，现在建筑工人们已经为它们打下了地基。教皇陛下，我看到筑起的建筑作品很喜悦，同时我是为了实现那些希望看到两种设计完美结合的人们的愿望，也是为了满足那些不能亲自看到这座我们唯一信仰世界中的崇高建筑。"格罗伊特的版画让两种设计和谐地结合在一起，借此，马代尔诺再一次将新·圣·彼得大教堂建筑史与另一种美好愿望协调起来，即那些不能来到罗马城的信徒们可以通过版画的印刷品了解这座天主教世界重要的标志物：圣·彼得大教堂。他同时认为圣·彼得大教堂是反宗教改革的核心。

马代尔诺的信函是建筑史上最震撼人心的内容之一。在完成教堂正面的一瞬间，他不仅消除了所有关于拆除老教堂公正性和必要性的怀疑，而且也不会让人们在面对建筑史中计划改变这一点时有理由表示疑虑。他将一种不可抗拒的非理性发展过程看做是一个计划性思虑的结果，通过这一观点，他也将圣·彼得大教堂建筑史中所走的弯路凝固成了中止点。

4．贝尔尼尼的错误

然而，曲折并没有结束。决定建造一座教堂中殿 首先是出于宗教礼仪的原因；在米开朗基罗宏伟壮丽的中央建筑对照之下，为了美观，人们延长了教堂中殿 的长度。这样一来，教堂的整个空间变大了，不管是新建部分还是老教堂，因此，人们要充分利用多出来的空间。以前是不能为必要的机构腾出空间；而现在是要为过多的剩余空间寻找填补的东西。

马菲欧·巴贝里尼（Maffeo Barberini），作为米开朗基罗理念的忠实捍卫者，在公元1608年仍然赞成保留中央建筑，他还同时预测说，终有一天马代尔诺的教堂中殿 会被拆除。他至少成功地做到消除了教堂中偌大的恐怖空间。当他于公元1623年8月被选作为教皇乌尔班八世（Urban Ⅷ.）之后，他将济安·洛伦佐·贝尔尼尼（Gianlorenzo Bernini）选作继续承担改造工程的艺术家。他借助十字交叉处的神龛，重新激活了与马代尔诺对立的米开朗基罗中央建筑的设计。通过用青铜华盖遮挡住圣坛的视线，他将圣·彼得大教堂纵向线从视线轴上挪开。原本起到连贯性作用的、止于圣坛顶端的教堂中殿就演变成了一座巨大的前厅。

借助对这位前辈成果的攻击，乌尔班八世也轻视了对他的尊重。保罗五世不仅仅将他的名字作为画押字刻在教堂正面上，而且还在教堂中殿大门墙壁的里侧上刻下了铭

图52　圣·彼得大教堂十字交叉处与贝尔尼尼神龛一瞥

文，用来颂扬自己在新圣·彼得大教堂修建期间为整个建筑史创造的功绩。当乌尔班八世为穹顶主持落成典礼时，他派人将保罗五世的铭文从中央位置挪走并缩小，从而为自己的铭文留有足够的位置，在他的铭文中强调了这座建筑的宏大（magnificentia）以及建造者的伟大。马代尔诺的教

堂中殿 已经不能再拆除了，但是乌尔班八世还是将它连同这位建筑师的纪念牌一并贬低了。

对于新圣·彼得大教堂的整个历史而言，乌尔班八世在位时建造的圣所西耳堂有重大意义。因为圣所西耳堂收割了当时米开朗基罗整个工程中专门为尤利乌斯二世种下的果子。因为古列尔莫·德拉·波尔塔（Guglielmo della Porta）为保罗三世建造的墓穴反射了米开朗基罗设计的尤利乌斯露天墓穴，所以他自己的墓穴应该形成拥有彼得宝座（Cathedra Petri）的中央祭坛的框架，从而实现尤利乌斯二世的理想，即拆除老圣·彼得大教堂并且进行新建。从西克斯图斯四世墓穴为起点的新建工程最终的结果却是无法控制的。

贝尔尼尼在公元1627年接手了乌尔班八世委托给他的墓穴建造项目。两年之后，也就是在他三十岁的时候，被任命为圣·彼得大教堂的总建筑师。这是继米开朗基罗之后第二位雕塑家担当了这一职位。乌尔班八世委托他将未完成的、保罗五世时期的教堂正面钟塔建成。右侧的钟塔已经和装饰矮墙齐高，而左侧钟楼的建造才刚刚开始，想必是因为地下水的缘故，才把刚刚开始的工程中断了。贝尔尼尼集中精力建造南面的钟楼，因此早在公元1641年6月，南钟楼就竣工了。但是，几个月之后，它就开始不再那么稳固了，而且还连累了教堂正面的中央区域。结果，北钟楼的工程就搁置了。

对于贝尔尼尼而言,那段向下倾斜地带的地下水问题成为了一种灾难。虽然,他听取了许多专家的建议,得到的却是建筑业同行对手们对他的批评。当两座钟楼的命运在教皇英诺森十世(Innozenz X.,在位时间:公元1644年9月至1655年1月)当选之后成为各种不同的会议上讨论的主题,又一次引起了尖锐的争辩,最后的结论就是,要破除万难拯救这两座钟楼。然而,贝尔尼尼又受到了更大的打击,英诺森十世在建筑委员会在闭幕会上大跌眼镜地宣告,必须拆除南钟楼。这是他终生的失败。当贝尔尼尼成为了地下水的牺牲品之后,现在又遭受了象征性夺取政权机制的迫害。英诺森十世继承了前辈们的光荣传统,即通过迫害已造物为自己的主权设定标志。

贝尔尼尼对事物发展的力学原理心知肚明。他做梦都希望有机会进行一次更大规模的拆除工程,因为它可以掩盖自己不光彩的历史:"在保罗五世时期,人们已经犯下大错,摈弃了米开朗基罗的设计,取而代之的是建造了一座大门,大门的宽度和高度的比例不协调,看上去显得很低矮。这样的大门看上去很不舒服,以至于乌尔班八世和英诺森十世竟然都产生了拆除教堂正面的想法。但是,因为通常教皇都是在年迈之际才当选的,所以没有人能够狠下决心从拆除开始重建圣·彼得大教堂这项重大工程。"如果仅仅拆除教堂正面,而并非整座教堂中殿,其实这对于新老圣·彼得大教堂的拆除历史来说都是一个合乎情理的结点。然而，拆除并没有发生，这并不是因为教皇们已经上了年纪，而是因为马代尔诺教堂中殿规模上的庄严壮丽。所以，单从实体上而言，它是神圣不可侵犯的。

在贝尔尼尼与教堂正面打交道的过程中，两种不同的动机碰撞了：即接受未经修改的已造物和心中暗自遐想拆除这座不可动摇的已造物。于公元1656~1667年在亚历山大七世（Alexander Ⅷ.，在位时间公元1655年4月至1667年5月）在位时期完工的广场的双臂首先实现了"包围"这个动机，从而马代尔诺的教堂中殿 将老圣·彼得大教堂包围了起来，通过对整座圣·彼得大教堂建筑群的包围，也将整个世界囊括其中："因为圣·彼得大教堂就如同世上其他造物的母亲一般，因此她必须拥有一条柱廊，柱廊惟妙惟肖地向人们展示

图53　圣·彼得大教堂与贝尔尼尼前广场

了这样的一幅画面：他就像一位母亲一样展开双臂迎接教徒们，从而更加坚定他们的信仰；迎接异教徒们，让他们重归教会；迎接无信仰的人们，用明灯照亮他们获得真理。"

宽敞的柱廊双臂为贝尔尼尼提供了一个契机，通过简化双臂的形状从而避免了拆除教堂正面的危险。拆除教堂正面，这对于乌尔班八世和英诺森十世来说，是想都不敢想的事情。面对教堂正面超出的宽度，正面的高度就显得不成比例了。对此，贝尔尼尼"想到一个主意，教皇必须下令为柱廊建造两翼，这样可以在视觉上拉长大门的高度。"贝尔尼尼的柱廊为新圣·彼得大教堂的建造工程划上了句号，但是根据贝尔尼尼的自述，柱廊同样逃脱不了拆除与建造的规律。它掩盖了人们拆除教堂正面的心愿。因

图 54　乔瓦尼·巴蒂斯塔·法尔达：贝尔尼尼柱廊以及"第三只臂膀"工程，
　　　　铜版画，创作于公元 1665 年。

55　圣彼得大教堂以及北侧走廊、柱廊和博格诺沃。摄于公元1929年

为拆除不可能再进行，所以柱廊双臂弥补了自己的弱点。如同贝尔尼尼为十字交叉处设置的神龛占据了教堂中殿的内部空间一样，教堂的前广场也削弱了教堂正面的规模。

　　但是，就连柱廊本身也没有收到负面影响。贝尔尼尼将"第三条侧翼"当做是教堂东面的围墙，他既不想将它建成最初设计的两层规模，也不想减小规模，就像乔瓦尼·巴蒂斯塔·法尔达（Giovanni Battista Falda）描绘的那样（图54）。这"第三只臂膀"(terzo braccio) 曾经标志着贝尔尼尼光辉设计的顶峰，它可以将来访者从台伯河北侧的博格诺沃（Borgo Nuovo）领入教堂，然后将教堂的轴心从柱廊弧线的北侧延伸至北侧走廊，最后从马德纳中殿旁归入连廊（Scala Regia）（图55）。贝尔尼尼心中怀着双重战略，即不仅要保护圣·彼得广场，而且要创造一条暂时的连接线，能够形成一条通向大城市 —— 大罗马城（Urbs）的直街，就像当时尤利乌斯二世从台伯河彼岸开始建造的朱莉娅大道一样。通过封锁中轴线，"第三只臂膀"不仅方便了人们从侧面进入教堂，而且在意念中让教堂北侧走廊和博格诺沃的距离更近了，这样一来，为教堂的前广场、正面和穹顶开辟了一个对角线上的、显得很紧凑的视野。

但是，费用问题让这个工程付诸东流了。如果当时贝尔尼尼遵循布拉曼、米开朗基罗以及保罗五世的建筑理念，即从能够确定整个建筑框架的远大建筑目标开始，那么也许他能够再一次免除这个羞辱。如果他从这"第三只臂膀"开启他的建筑工程的话，那么原先那两条侧翼对于他而言就不是什么问题。但是，他首先派人将前两条侧翼筑好，所以他将他建筑设计中的至高点留给了既能够保护空间又能够开阔视野的"第三只臂膀"。

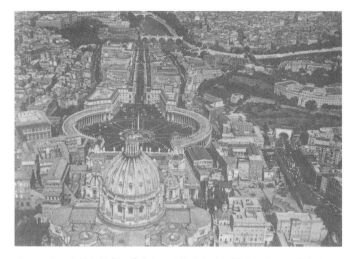

图56 圣·彼得大教堂、前广场以及协和大道。摄于公元1939年之后

　　缺少贝尔尼尼的"第三只臂膀"会导致总是出现诸如此类的想法，如将止于圣·彼得大教堂正面的中轴线往后拉至台伯河畔。这种状况一直持续至公元1939年，直到斯比纳（Spina）住宅区被拆除为止，因为它的存在会遮挡住瞭望贝尔尼尼前广场和圣·彼得大教堂的开阔视野（图55），从而为那条作为罗马教会和这个法西斯国家签订协定的象征性大道 —— 协和大道腾出空间（图56）。协和大道的历史性意义是因为圣·彼得前广场那个"对角线"的开口导致的，但是大道的建成将其具有历史意义的特质破坏了，如同贝尔尼尼设计的那条从连廊途经教堂北侧走廊通向博格诺沃的通道一样。为了教堂中轴线的权威不受破坏，这条新的道路消灭了精心设计的隐藏和暴露之间的相互关系。

因为它方便了人们眺望圣·彼得大教堂，马代尔诺建造的教堂正面受到了局限，其目的是为了抬高米开朗基罗穹顶的建筑效果。那条协和大道也摧毁了贝尔尼尼有关广场和通道的细致周全的设计，但是他至少为中央建筑理念的捍卫者们打了个小小的胜仗。

结语：现代性和倒塌

尝试着从一组拆除的史实去研究建筑史，其目的虽然不是为了贬低宗教和信仰的作用，首先是为了探究那些并不只属于宗教建筑的问题。显然，新圣·彼得大教堂是近代史上最复杂的建筑工程之一。它直接导致了一系列普遍有效性符号的完结，如造型艺术的角色，现代派的深层结构以及世间万物的权力潜能等等。

第一完结就是，与其说造型艺术是每个世界的反射和振动仪，不如说它是可以推动世界前行的催命鬼。从这个意义上来讲，即使它表现出来的个人特征是多么的鲜明，它依旧是同时代社会结构的耦合器。梅洛佐·达·弗利的湿壁画以及波拉尤奥罗（Pollaiuolo）的作品《西克斯图斯之墓》是阐释裙带关系最突出的表现形式。它们暴露了教皇权威下红衣主教选举的深层问题，红衣主教是上帝赐予的，但不是世袭的，是君主政体形式的，但不是王朝继承式的：隐藏在绘画艺术中的任人唯亲试图将教皇继承这个问题在一定程度上围堵住。

朱利安诺·德拉·罗维雷，这个制度化的家族政策的得益者，当他正在为自己的墓穴进行构思时，也刚好是他兑现所有希望的时候了，如期盼从一位强权的领袖能够带来意大利的统一并让意大利从外敌入侵中解放出来。如果说，有一座纪念碑，它预先认识到了马基雅维利（Machiavelli）的政治原则的话，那么它一定就是尤利乌斯二世的墓碑。联想到尤利乌斯本人在美德、艺术上的要求以及军事上的战功，墓穴上的尤利乌斯就像不是原汁原味的一样。但是，从教皇使命这个意义上来讲，例如冲破时间的连续性、对社会进行彻底的变革、获得彻底变革和彻底清除（Tabula rasa）的权力 —— 古希腊罗马晚期的天主教世界中的首要任务就是彻底清除 —— 在这些方面，尤利乌斯都表现出了教皇应有的"原则"（Principe）。革新的代价就是破坏，创新所发出的动人旋律只是如同隆隆雷鸣的消灭的伴奏音乐而已。

拆毁老圣·彼得大教堂是有意识的，然而新庙宇所引起的一系列灾难性的后果是人们预想不到的。没有那种对罗马做出的牺牲可以让北方的众多国家如此恼火，除了为了筹建圣·彼得大教堂而发布的世人皆知的赦罪令之外；路德和他的战友们已经嗅到了这个可怕的象征物。早已经在德国就流行着一种传说，那些用德国人的货币制作的大石碑被暗度陈仓地运到了教皇亲属的宫殿中。新圣·彼得大教堂是改革的导火索，作为对策，改革必须切断建筑工地和各种经济来源的联系，其后果就是，建筑工地在数十年之后已经或多或少地变成了一片建筑废墟。圣·彼得大教堂只不过是教会分裂和天主教的没落在纪念碑上的见证。

相反，教皇保罗三世的新开始却变成了反革命的标志。随着圣·彼得大教堂改建的竣工，天主教世界也进一步加深了对自己的理解，即不是让自己归属到失败者的历史中去，而是拥有全面的资格要求一个新基础。在完成穹顶改建的工作热情中，发展出了一种独一无二的、经得起考验的工作技能和组织能力。如果存在一种与反革命的现代性相关的过程，那么它就是西克斯图斯五世时期完成的米开朗基罗穹顶的竣工理论。他所创建的最大的、最引人注目的工程提供了一个令人印象最为深刻的例子，即在建筑行业的工作和组织结构中，绝对主义权力中的结构特征进行了示范性的预演。在贝尔尼尼的位置编排中，这些结构找到了城市化的表现形式。协和大道（Via della Conciliazione）的开放最终暴露了那个也许是最显著的特征，即协调教会和法西斯国家之间的关系。

从一个深不可测的现代性中发散出来的绳索贯穿着所有阶段，这也是圣·彼得大教堂新建所导致的第二个普遍性的后果。其原因首先表现在：如果没有参与者们之间狂放不羁的、顽固的竞争的话，那么就不会出现停滞和改变计划等过程。因此，最终的建筑成品并不是理性设计的产物，而是不同利益纷争相互交汇的结果。圣·彼得大教堂之所以成为权力的纪念物，不单是因为它的规模和形式，而是那些不明朗的、混乱的决策过程导致了它今天的结果。

首先，直至今天都无法理解的就是，重建就这样无情地替代了彼得大殿（Peterbasilika），只有那些修复后的图片可以展现大教堂不完整的形象。就像在一场与历史的斗争中，那个罗马教皇统治唯一可以依赖的教堂消失了。如果没有旧教堂的毁灭就不会出现重建；如果没有毁灭的原则，人们就不会理解新圣·彼得大教堂的建筑史。君士坦丁大殿被摧毁以及新圣·彼得大教堂的各个部分被拆除的其他原因倒是次要的，或者只是托辞罢了。毁灭为各个建筑步骤提供了建筑许可证。这就意味着，从新圣·彼得大教堂的建筑史中得出了第三个系统性的观点。

一座堪称近代世上最具影响力的大教堂的每一个建筑阶段其实都体现了连续性和实践裂缝之间的竞争。直至十六世纪，从古典时期的建筑物中拆取有用零件的现象十分普遍。其目的是为了获得成本低的建筑材料，对此有关古迹保护的新法规总是层出不穷。彼得大教堂总是对教堂本身的建造历史进行有针对性的攻击。对此，并不存在实际性的原因，而是那个时代的标志物所激发的目标，即一定要让未来的形式战胜历史的文物。圣·彼得大教堂，作为仍保存至今的最古老的、欧洲历史上的宗教建筑物，在它拆毁和重建的双重性格中俨然已经成为天主教具有的历史弹性的象征物。天主教不仅囊括了历史的内容，同时也是未来主义的纪念物。不仅仅是外形，单纯从圣·彼得大教堂的存在来说，它就已经是一个奇迹了，因为它源于建筑意志，而意志对于毁灭和构建都是至关重要的。如果人们在生产属于自己的历史的时候，是无意识的并且不知道如何去生产，那么这一建筑物就是历史最生动的象征。

从各个方面来说，新圣·彼得大教堂的建立都能让人想到"创造性的毁灭"。它被国民经济学家约瑟夫·阿洛伊斯·熊彼特（Joseph Alois Schumpeter）誉为一种特殊的艺术家原则，这一原则在所有具有创造性的生活领域中都奏效，尤其是在经济学领域。历史学家和表演者的对象都不是在"永恒的平静"中发生的，而是出现于"创造性毁灭的大风暴"中。熊彼得的这个信条在圣·彼得大教堂的建筑史中找到了他堪称最让人信服的凭证。

附录一：书中插图列表

插图序号	插图内容
1	从西面瞭望圣·彼得堡大教堂的装饰矮墙和大穹顶
2	梅洛佐：西克斯图斯四世和他的侄子们以及图书管理员普拉提纳，湿壁画，创作于1475年，藏于梵蒂冈城梵蒂冈画廊
3	安东尼奥·波拉约洛：教皇西克斯图斯四世的墓碑，藏于罗马圣彼得大教堂藏珍阁中
4	安东尼奥·波拉约洛：教皇西克斯图斯四世的墓碑，藏于罗马圣彼得大教堂藏珍阁中
5	图4的细节部分：音乐的浮雕
6	雅克莫·罗凯蒂：尤利乌斯墓穴底层截图，米开朗基罗雕塑的复制品，素描。藏于柏林版画绘画艺术馆，编号15206
7	尤利乌斯墓穴正面图，创作于1505年
8	尤利乌斯墓穴横侧面图，创作于1505年。（由霍斯特·布雷德坎普和O.克洛特于公元1994年修复）
9	米开朗基罗：反抗的囚徒。藏于巴黎卢浮宫
10	米开朗基罗：正在逝去的的囚徒。藏于巴黎卢浮宫
11	老圣彼得大教堂（由H.W.布鲁尔公元1892年修复）

插图序号	插图内容
12	老圣彼得大教堂和尼古拉斯设计的墙基（参见：Ch. 特内斯，1994年，图3）
13	卡拉多索作品：布拉曼奖牌，创作于公元1505/06年。藏于佛罗伦萨巴杰罗美术馆
14	老圣·彼得大教堂的平面图以及教堂中殿（B）前方的方尖碑（E）（由 P.M. 勒塔路利于1882年修复）
15	无名氏：西克斯图斯四世大殿以及圣安德烈教堂前方的梵蒂冈方尖碑，公元1558/9年左右。藏于慕尼黑国立版画收藏馆
16	弗拉·乔康多，老圣·彼得大教堂平面图，钢笔涂色，90cm×50cm。藏于佛罗伦萨乌菲齐美术馆的绘画与印刷品收藏室，对开本第6页
17	朱利安诺·达·桑迦洛：老圣·彼得大教堂平面图，钢笔涂色。藏于佛罗伦萨乌菲齐美术馆的绘画与印刷品收藏室，对开本第8页
18	布拉曼：圣·彼得大教堂平面设计图。藏于佛罗伦萨乌菲齐美术馆的绘画与印刷品收藏室，对开本第8页
19	布拉曼：新圣·彼得大教堂的设计草图。藏于佛罗伦萨乌菲齐美术馆的绘画与印刷品收藏室，对开本第20页
20	系插图19中的截取图片：旧建筑（第一层）；第一个穹顶建筑（第二层）。（参见：Ch. 特内斯，1994年）
21	布拉曼：新圣·彼得大教堂的羊皮纸手稿。藏于佛罗伦萨乌菲齐美术馆的绘画与印刷品收藏室，IA 号
22	系插图20和插图21的组合图（Ch. 特内斯，1994年）
23	卡拉多索作品：新圣·彼得大教堂落成纪念牌，创作于公元1506年。藏于柏林硬币陈列室

插图序号	插图内容
24	贝尔纳多·德拉·沃珀亚：圣·彼得大教堂新建部平面图，创作于公元1514年，藏于伦敦约翰·索恩爵士博物馆，对开本第31页
25	1507年的教堂改造图（1987年由 F.G.W. 梅特涅和 Ch. 特内斯修复）
26	无名氏：绘图——布拉曼设计图中西圣所的西南角。藏于梵蒂冈城梵蒂冈图书馆阿什拜收藏馆，第329号
27	十字交叉处东南侧的墩柱，插图19的截图
28	老圣·彼得大教堂的内部图（由 T.C. 班尼斯特于1968年修复）
29	无名氏：从圣·彼得大教堂的中殿眺望十字交叉处，素描，创作于公元1563年之后。藏于汉堡铜版画陈列室，第21311号
30	马丁·梵·汉姆斯科尔科：拉斐尔南耳堂回廊一瞥。藏于柏林国立普鲁士基金会的铜版画陈列室，参见汉姆斯科尔科绘画速写本Ⅱ，对开本第54页，右侧
31	由拉斐尔补充过的布拉曼关于新圣·彼得大教堂的平面。参照：斯蒂安诺·塞里欧的第三本书，于公元1530年出版，第37页
32	马丁·梵·汉姆斯科尔科：从南面眺望圣·彼得大教堂。藏于柏林国立普鲁士基金会的铜版画陈列室，参见汉姆斯科尔科绘画速写本Ⅱ，对开本第51页，右侧
33	马丁·梵·汉姆斯科尔科：从北面眺望圣·彼得大教堂。藏于柏林国立普鲁士基金会的铜版画陈列室，参见汉姆斯科尔科绘画速写本Ⅰ，对开本第13页，右侧
34	安东尼奥·地·圣加洛设计的木制模型的平面图，此版画创作于1549年，创作人安东尼奥·萨拉曼卡

插图序号	插图内容
35	安东尼奥·地·圣加洛设计的圣·彼得大教堂的木制模型。藏于罗马圣·彼得大教堂中的储藏室内。曾于公元1995年陈列于柏林老博物馆（摄影：芭芭拉·赫伦金德）
36	安东尼奥·拉巴克的版画：安东尼奥·地·圣加洛的木制模型的北侧外景图。创作于公元1546年
37	乔治·瓦萨利：圣·彼得大教堂的建造主保罗三世。藏于罗马坎塞勒里亚宫殿的百日厅
38	埃蒂安·杜贝拉克：圣·彼得大教堂的平面图，经雕刻和蚀刻，创作于1569。藏于柏林国立普鲁士基金会的铜版画陈列室，第646-113号
39	圣·彼得大教堂的西侧
40	米开朗基罗、贾科莫·德拉·博尔塔和易吉·范维特尔共同创作的圣·彼得大教堂穹顶木制模型（含穹顶坐圈在内）。藏于梵蒂冈的圣·彼得大教堂维修部
41	米开朗基罗设计的圣·彼得大教堂以及装饰矮墙（由H.A.米隆和C.H.斯密斯，于公元1988年修复）
42	埃蒂安·杜贝拉克：圣·彼得大教堂的正面图，经雕刻和蚀刻，创作于公元1569年
43	埃蒂安·杜贝拉克：公元1577年的罗马城规划图，铜版画（截图）
44	无名氏B：从北侧眺望圣·彼得大教堂。藏于柏林国立普鲁士基金会的铜版画陈列室，参见柏林绘画速写本Ⅰ，对开本第15页，右侧
45	米开朗基罗设计的圣·彼得大教堂平面图以及相邻的老圣·彼得大教堂残余建筑（由L.·莱斯于公元1997年修复）

插图序号	插图内容
46	从老圣·彼得大教堂的中殿、朝着隔离墙的方向管窥新圣·彼得大教堂。藏于梵蒂冈图书馆，对开本第104v.-105页
47	蒂贝利奥·阿尔发莱诺：公元1580~1590年左右的新、老圣·彼得大教堂平面图，藏于梵蒂冈宗座图书馆
48	卡罗·马拉塔：新、老圣·彼得大教堂，书籍卷首插版画，创作于公元1673年
49	卡罗·马代尔诺：圣·彼得大教堂重建工程图，创作于公元1505~1506。藏于佛罗伦萨乌菲齐美术馆的绘画与印刷品收藏室，对开本第264页A
50	马提亚·格罗伊特：圣彼得大教堂之图公元1613年。
51	马提亚·格罗伊特：圣·彼得大教堂平面图及马代尔诺的代理收款委托书
52	圣·彼得大教堂十字交叉处与贝尔尼尼神龛一瞥
53	圣·彼得大教堂与贝尔尼尼前广场
54	乔瓦尼·巴蒂斯塔·法尔达：贝尔尼尼柱廊以及"第三只臂膀"工程，铜版画，创作于公元1665年
55	圣彼得大教堂以及北侧走廊、柱廊和博格诺沃。摄于公元1929年
56	圣·彼得大教堂、前广场以及协和大道。摄于公元1939年之后

附录二：人名翻译对照表

Alberti 阿尔伯蒂

Andrea Guarna 安德雷·瓜尔纳

Antonio da Sangallo 安东尼奥·地·桑迦洛

Antonio Labacco 安东尼奥·拉巴克

Antonio Pollaiuolo 安东尼奥·波拉约洛

Arne Karsten 安妮·卡斯顿

Arnold Nesselrath 阿诺德·内瑟莱特

Ascanio Condivi 阿斯卡尼奥·康迪维

Augustus 奥古斯丁大帝

Baccio d'Agnolo 巴乔奥·达尼奥洛

Baldassarre Peruzzi 巴达萨尔·佩鲁齐

Bannister 班尼斯特

Bartolomeo Platina 巴托洛米欧·普拉提纳

Benedetto Giustiniani 贝内代托·朱斯蒂尼亚尼

Bernardo della Volpaia 贝尔纳多·德拉·沃尔珀亚

Bianca 比安卡

Birgit Thiel 比尔吉特·泰尔

Bonsignore Bonsignori 邦西格诺·蓬斯涅尼

Brewer 布鲁尔

Caradosso 卡拉多索

Carlo Maderno 卡罗·马代尔诺

Carlo Maratta 卡罗·马拉塔

Cesare Bettini 凯撒·贝蒂尼

Cesare Baronio 凯撒·巴罗尼奥

Christof Thoene 克里斯托夫·特罗恩

Cosimo I. de' Medici 科西莫一世·德·美第奇

Divus Julius 神圣的尤利乌斯

Donato Bramante 多纳托·布拉曼

Dorothee Haffner 多萝特·哈弗内

Egidio da Viterbo 维泰博的艾其迪奥

Etienne Dupérac 埃蒂安·杜贝拉克

Ferratino 费兰蒂诺

Filippo Archinto 菲利波·阿秦度

Filippo Bonanni 菲利波·波兰尼

Fra Giocondo 弗兰·吉奥孔多

Francesco Pallavicino 弗朗切斯科·佩拉维西诺

Fugger 福格尔家族

Georg Satzinger 乔治·萨兹辛格

Giacomo della Porta 贾科莫·德拉·波尔塔

Giacomo Grimaldi 贾科莫·格里马尔迪

Gian Battista de Alfonsis 吉安·巴蒂斯塔·德·阿尔弗西斯

Gianlorenzo Bernini 济安·洛伦佐·贝尔尼尼

Giannozzo Manetti 詹诺佐·马内蒂

Giovanni Arberino 乔瓦尼·阿贝里诺

Giovanni Alemanno 乔瓦尼·阿莱马诺

Giovanni Battista Falda 乔瓦尼·巴蒂斯塔·法尔达

Giovanni Evangelista Pallotta 乔瓦尼·伊万杰琳·帕洛塔

Giovanni Fontana 乔瓦尼·弗安塔那

Giuliano della Rovere 朱利安诺·德拉·罗韦雷

Guglielmo della Porta 古列尔莫·德拉·波尔塔

Hatfield 哈特菲

Hecht 赫奇特

Honorius 西罗马皇帝霍诺留

Horst Bredekamp 霍斯特·布雷德坎普

IULIUS CAESAR PONT. II 第二凯撒

Jacomo Rocchetti 雅克莫·罗凯蒂

Jacopo Barozzi Vignola 贾科莫·维尼奥拉

Johannes Michael Nagonius 约翰内斯·米歇尔·纳果尼乌斯

Johannes Saltzwedel 约翰内斯·扎尔茨韦尔德

Joseph Alois Schumpeter 约瑟夫·阿洛伊斯·熊彼特

Julia Ann Schmidt 朱莉娅·安·施密特

Kanstantin 君士坦丁

Papst Alexander Ⅶ. 教皇亚历山大七世

Papst Clemens Ⅷ. 教皇克勉八世

Papst Gregor Ⅷ. 教皇格列高利八世

Papst Heinrich Ⅶ. 教皇亨利七世

Papst Innozenz X. 教皇英诺森十世

Papst Julius Ⅰ. 教皇尤利乌斯一世

Papst Julius Ⅱ. 教皇尤利乌斯二世

Papst Julius Ⅲ. 教皇尤利乌斯三世

Papst Leo X. 教皇利奥十世

Papst Leo XI.）教皇利奥十一世

Papst Nikolaus V. 教皇尼古拉斯五世

Papst Paul Ⅱ. 教皇保罗二世

Papst Paul Ⅲ. 教皇保罗三世

Papst Paul V. 教皇保罗五世

Papst Pius Ⅳ. 圣庇护四世

Papst Pius Ⅴ. 圣庇护五世

Papst Sixtus Ⅳ. 教皇西克斯图斯四世

Papst Sixtus V. 教皇西克斯图斯五世

Papst Sylvester 教皇西尔维斯特

Papst Urban Ⅷ. 教皇乌尔班八世

Petrus 圣徒彼得

Pietro de' Massimo 皮耶罗·得·马西莫

Pietro Riario 彼得罗·里亚里奥

Pirro Ligorio 皮罗·利戈里奥

附录三：地名翻译对照表

Aleria 阿莱里亚（意）

Ara Pacis 和平祭坛（意–罗马）

Biblioteca Laurenziana 劳伦图书馆（意–佛罗伦萨）

Borgo Nuovo 博格诺沃（意）

Cancelleria 坎塞勒里亚宫殿

Collection Ashby 阿什拜收藏馆

Cortile del Belvedere 美景宫庭院

das Berliner Schloß 柏林城市宫（德）

die konstantinische Basilika 康斯坦丁大教堂

Fabbrica di San Pietro 圣·彼得大教堂维修部

Florentiner Dom 佛罗伦萨圣母百花大教堂

Forli 弗利（意）

Gabinetto dei Disegni e delle Stampe 绘画与印刷品收藏室

Genua 热那亚（意）

Hadriansmausoleum 圣天使城堡

Lateransbasilika 拉特朗宫

Loreto 洛雷托（意）

Macel de' Corvi 图拉真广场（意–罗马）

Mailaender Dom 米兰大教堂

Maxentius – Basilika 马克森提耶斯公共大厦

Palast der Republik 共和国宫（德）

Parma 巴马（意）

Paulskirche 圣·保罗教堂

Petersbasilika 彼得大殿

Piacenza 裴亚缠差（意）

San Lorenzo 圣·罗伦索修道院

Sansepolcro 桑塞波尔克多（意）

Spina 斯比纳

Spoleto 斯波莱托（意）

St. Andrea 圣安德烈教堂（又称 S. Maria della Febbre）

St. Martin 圣马丁

Trajansforum 特拉扬古市场（意 – 罗马）

Via della Conciliazione 协和大道（意 – 罗马）

Via Giulia 茱莉亚大道（意 – 罗马）

Via Recta 直街（意 – 罗马）

Via triumphalis 凯旋大道（意 – 罗马）

附录四：专有名词翻译对照表

ars 艺术（意）

artes liberals 自由艺术（意）

Augustiner – General 奥古斯丁修会会长（德）

breve 教皇通谕（意）

Cathedra Petri 彼得宝座（意）

Cappella del Re di Francia 方济各礼拜堂（意）

Capella Julia 尤利娅礼拜堂（意）

Chorapsis 半圆形圣所小堂（德）

cosa da fanciugli 儿童积木（意）

David《大卫》（意）

De cardinalatu《关于红衣主教之职》（意）

Deputati della Reverenda Fabbrica di San Pietro 圣·彼得大教堂建筑委员会委员们（意）

disegno 设计（意）

Dukaten 杜卡特（德）

fait accompli 既成事实（意）

gabbia da grilli 关蟋蟀的笼子（意）

gran ruina 大废墟（意）

Heiligenkapelle 圣体圣事礼拜堂（德）

Historia sacra 圣人故事（意）

INSTAVRACIO 革新（意）

Loggia della Benedizione 祈福敞廊（意）

magnificentia 宏大（意）

muro divisorio 隔离墙（意）

nihil inverti 不允许被颠覆（意）

opinione 表达意见（意）

Paris de Grassis 教皇秘书（意）

Permanent Fellow des Wissenschaftskolleg zu Berlin 柏林科学院
的终身会员（德）

Petersplatz 圣伯多禄广场（德）

Pianta della Chiesa di San Pietro 圣彼得大教堂之图（意）

Pieta《哀痛圣母》（意）

Pietà Rondanini《隆达尼尼的圣殇》

Piombo 皮翁博小室（意）

Pleurant《哭泣者雕像》（意）

prigioni 囚徒（意）

Principe 原则（意）

Sacco di Roma 罗马之劫（意）

Scala Regia 连廊（意）

Scudi 库斯多（意）

SED 原民德统一社会党

simia naturae 模仿自然（意）

Sixtus – Kapelle 西克斯图斯的礼拜室（德）

Tabula rasa 彻底清除（意）

tegurium 墓穴华盖（意）

tempio vecchio 老教堂（意）

terribilià 恐惧（意）

terzo braccio 第三只臂膀（意）

Tridentine 天主教特伦托主教会议（意）

Urbs 大罗马城（意）

Veni, Vide, Vic 我来，我见，我征服（意）

Veronika – Pfeiler "维罗妮卡"墩柱（德）

Viten 生平（意）